高等学校计算机应用规划教材

数据库程序设计

严 南 宋 容 主 编
袁连海 姚 捃 副主编

清华大学出版社
北 京

内 容 简 介

本书以培养复合型应用人才为目标，贴近全国计算机等级考试大纲，详细介绍 Access 2016 的主要功能和使用方法，其中在第 9 章加入了等级考试大纲要求的公共基础知识。全书共 9 章，主要内容包括数据库系统基础知识、数据库和表的基本操作、查询及其应用、窗体的创建与使用、报表的操作、宏的创建与使用、模块与 VBA 程序设计基础、VBA 数据库编程和公共基础知识。

本书结构严谨，知识点全面，通俗易懂，注重实用性和可操作性。全书理论和实践联系紧密，实例丰富，读者可以边学习、边实践，从最基本的建立数据库和表开始逐步建立数据库中的各种对象，掌握模块和程序设计基础知识，并在学习过程中形成计算机逻辑思维能力。

本书可作为高等院校非计算机专业数据库程序设计及相关课程的教材，也可作为全国计算机等级考试二级 Access 数据库程序设计的自学参考用书。

本书配套的电子课件、实例源文件和习题答案可以到 http://www.tupwk.com.cn/downpage 网站下载，也可以扫描前言中的二维码下载。

本书封面贴有清华大学出版社防伪标签，无标签者不得销售。

版权所有，侵权必究。举报：010-62782989　beiqinquan@tup.tsinghua.edu.cn。

图书在版编目(CIP)数据

数据库程序设计 / 严南，宋容主编. —北京：清华大学出版社，2021.2
高等学校计算机应用规划教材
ISBN 978-7-302-57560-3

Ⅰ. ①数… Ⅱ. ①严… ②宋… Ⅲ. ①关系数据库系统—高等学校—教材 Ⅳ. ①TP311.138

中国版本图书馆CIP数据核字(2021)第027902号

责任编辑：胡辰浩
装帧设计：孔祥峰
责任校对：成凤进
责任印制：沈　露

出版发行：清华大学出版社
　　　　网　　址：http://www.tup.com.cn，http://www.wqbook.com
　　　　地　　址：北京清华大学学研大厦 A 座　　邮　　编：100084
　　　　社 总 机：010-62770175　　　　　　　　邮　　购：010-62786544
　　　　投稿与读者服务：010-62776969，c-service@tup.tsinghua.edu.cn
　　　　质 量 反 馈：010-62772015，zhiliang@tup.tsinghua.edu.cn

印 装 者：三河市中晟雅豪印务有限公司
经　　销：全国新华书店
开　　本：185mm×260mm　　**印　　张**：14.75　　**字　　数**：377 千字
版　　次：2021 年 3 月第 1 版　　**印　　次**：2021 年 3 月第 1 次印刷
印　　数：1～2000
定　　价：69.00 元

———————————————————————————————————————

产品编号：090348-01

前　言

本书以 Microsoft Access 2016 为操作平台。Access 2016 是微软公司推出的一款易学、功能完备的数据库管理系统软件，其主要功能是管理和应用数据库。与 Access 的以前版本相比，Access 2016 除了继承和发扬了以前版本的功能强大、界面友好、易学易用的优点之外，在界面的易用性和支持网络数据库方面进行了很大改进。

本书介绍关系数据库管理系统的基本知识和 Access 数据库系统的主要功能。本书理论论述通俗易懂、重点突出、循序渐进，案例操作步骤清晰、简明扼要、图文并茂。本书强调理论知识与实际应用的有机结合，正文讲解与课后练习呼应补充，每章的课后习题大部分是全国计算机二级考试理论部分真题。除第 1 章外，每章都有实训项目，实训项目内容基本是全国计算机二级考试操作部分真题。

本书共分为 9 章，由浅入深地对 Access 2016 进行了详细的讲解并以示例为引导介绍 Access 的各项功能尤其是它的新功能，同时每个示例都配有图片。本书注重实践，读者按照示例一步一步去做即可掌握 Access 的基本内容和常用功能，也可以完成一个基本的数据库应用开发。

本书提供了丰富的实训操作和大量习题，各章后均有"小结"，以总结教学重点和教学要点。为了方便教学，本书为教师提供了电子课件、习题答案以及操作实训所用到的全部素材。

本书的第 1 章由袁连海编写，第 2、3、5 章由宋容编写，第 4、7、8 章由严南编写，第 6、9 章由姚捃编写。全书由严南统稿和审定。在本书的编写和出版过程中，得到了成都理工大学工程技术学院和清华大学出版社的大力支持，在此表示衷心感谢。

由于编者水平有限，书中不妥之处在所难免，敬请读者批评指正。我们的电话是010-62796045，邮箱是 huchenhao@263.net。

本书配套的电子课件、实例源文件和习题答案可以到 http://www.tupwk.com.cn/downpage 网站下载，也可以扫描下方的二维码下载。

作　者
2020 年 11 月

目　　录

第1章　数据库概述 ··· 1
1.1　数据库的基本概念 ····································· 1
1.1.1　信息与数据库 ······································ 1
1.1.2　数据库管理系统 ·································· 2
1.1.3　数据库系统 ··· 3
1.2　数据管理技术的发展阶段 ························· 4
1.2.1　人工管理阶段 ······································ 4
1.2.2　文件系统阶段 ······································ 4
1.2.3　数据库系统阶段 ·································· 5
1.3　数据模型 ·· 6
1.3.1　数据模型的分类 ·································· 7
1.3.2　关系数据模型 ···································· 10
1.4　关系运算 ·· 13
1.4.1　传统的集合运算 ································ 13
1.4.2　专门的关系运算 ································ 15
1.5　数据库设计 ·· 19
1.5.1　实体联系图(E-R图) ·························· 19
1.5.2　规范化理论 ·· 19
1.5.3　关系模式的规范化 ···························· 20
1.6　小结 ·· 22
1.7　练习题 ·· 22

第2章　数据库和表的基本操作 ······················· 25
2.1　创建数据库 ·· 25
2.1.1　创建空白数据库 ································ 25
2.1.2　使用模板创建数据库 ························ 26
2.2　表的基本概念 ·· 27
2.2.1　表的结构 ·· 28
2.2.2　表的视图 ·· 29
2.3　表的创建 ·· 30
2.3.1　直接插入新表 ···································· 30
2.3.2　使用设计视图创建表 ························ 31
2.3.3　通过导入创建表 ································ 32
2.3.4　输入数据 ·· 35
2.4　设置字段属性 ·· 37
2.4.1　设置常规属性 ···································· 37
2.4.2　设置查阅属性 ···································· 48
2.5　建立表之间的关系 ·································· 49
2.5.1　建立主键 ·· 50
2.5.2　建立索引 ·· 51
2.5.3　建立关系 ·· 52
2.6　表的编辑 ·· 54
2.6.1　修改表结构 ·· 55
2.6.2　编辑表中的数据 ································ 55
2.6.3　表的复制、删除和重命名 ················ 58
2.7　表的使用 ·· 59
2.7.1　记录的排序 ·· 59
2.7.2　记录的筛选 ·· 59
2.7.3　数据的查找与替换 ···························· 60
2.7.4　表的显示格式设置 ···························· 61
2.8　小结 ·· 63
2.9　练习题 ·· 64
2.10　实训项目 ·· 69

第3章　查询及其应用 ·· 73
3.1　查询概述 ·· 73
3.1.1　查询的功能 ·· 73
3.1.2　查询的类型 ·· 74
3.2　查询向导和设计视图的操作 ·················· 76
3.2.1　创建选择查询 ···································· 76

3.2.2　创建带条件的查询 ……………… 80
　　　3.2.3　创建交叉表查询 …………………… 81
　　　3.2.4　创建参数查询 ……………………… 84
　　　3.2.5　在查询中进行计算 ………………… 86
　　　3.2.6　创建操作查询 ……………………… 89
　3.3　创建SQL查询 ……………………………… 92
　　　3.3.1　SQL查询语言概述 ………………… 93
　　　3.3.2　基本查询 …………………………… 93
　　　3.3.3　复杂查询 …………………………… 96
　3.4　小结 ………………………………………… 98
　3.5　练习题 ……………………………………… 98
　3.6　实训项目 …………………………………… 105

第4章　窗体 …………………………………… 109

　4.1　认识窗体 …………………………………… 109
　　　4.1.1　窗体的概念和功能 ………………… 109
　　　4.1.2　窗体的组成和结构 ………………… 110
　　　4.1.3　窗体的类型 ………………………… 110
　　　4.1.4　窗体的视图 ………………………… 112
　4.2　创建窗体 …………………………………… 113
　　　4.2.1　使用"窗体"按钮创建窗体 ……… 113
　　　4.2.2　使用窗体向导创建窗体 …………… 113
　　　4.2.3　利用"导航"按钮创建窗体 ……… 114
　　　4.2.4　使用"其他窗体"按钮创建窗体 … 114
　4.3　在设计视图中创建窗体 …………………… 116
　　　4.3.1　窗体设计窗口 ……………………… 116
　　　4.3.2　控件的功能与分类 ………………… 117
　　　4.3.3　控件的操作 ………………………… 117
　4.4　控件的应用 ………………………………… 118
　　　4.4.1　面向对象的基本概念 ……………… 118
　　　4.4.2　窗体和控件的属性 ………………… 118
　　　4.4.3　窗体和控件的常用事件 …………… 120
　　　4.4.4　控件应用举例 ……………………… 121
　4.5　小结 ………………………………………… 123
　4.6　练习题 ……………………………………… 124
　4.7　实训项目 …………………………………… 126

第5章　报表的操作 …………………………… 127

　5.1　报表的基础知识 …………………………… 127
　　　5.1.1　报表的视图 ………………………… 127
　　　5.1.2　报表的组成和类型 ………………… 128
　5.2　创建报表 …………………………………… 128
　　　5.2.1　快速创建报表 ……………………… 129
　　　5.2.2　创建空报表 ………………………… 129
　　　5.2.3　通过向导创建报表 ………………… 130
　　　5.2.4　通过标签向导创建标签报表 ……… 132
　　　5.2.5　在设计视图中创建报表 …………… 134
　5.3　创建主/子报表 …………………………… 137
　5.4　小结 ………………………………………… 137
　5.5　练习题 ……………………………………… 138
　5.6　实训项目 …………………………………… 139

第6章　宏 ……………………………………… 141

　6.1　宏的概述 …………………………………… 141
　　　6.1.1　宏的设计窗口 ……………………… 141
　　　6.1.2　"宏工具"的"设计"选项卡 …… 142
　　　6.1.3　宏的分类 …………………………… 142
　6.2　常用的宏操作命令和参数设置 …………… 143
　　　6.2.1　常用的宏操作命令 ………………… 143
　　　6.2.2　宏操作命令的参数设置 …………… 144
　6.3　创建宏 ……………………………………… 145
　　　6.3.1　创建操作序列宏 …………………… 145
　　　6.3.2　创建宏组 …………………………… 146
　　　6.3.3　创建条件宏 ………………………… 146
　6.4　宏的运行和调试 …………………………… 147
　　　6.4.1　宏的运行 …………………………… 147
　　　6.4.2　宏的调试 …………………………… 148
　6.5　小结 ………………………………………… 148
　6.6　练习题 ……………………………………… 149
　6.7　实训项目 …………………………………… 151

第7章　模块与VBA程序设计基础 ………… 153

　7.1　模块的基本概念 …………………………… 153
　7.2　模块的创建 ………………………………… 154
　　　7.2.1　创建模块的方法 …………………… 154
　　　7.2.2　宏和模块之间的相互转换 ………… 155
　7.3　VBA程序设计基础 ………………………… 155
　　　7.3.1　VBA概述 …………………………… 155
　　　7.3.2　面向对象程序设计的基本概念 …… 155

7.4 VBA 基础知识 ································ 159
　　7.4.1 数据类型 ································ 159
　　7.4.2 常量 ···································· 160
　　7.4.3 变量 ···································· 161
　　7.4.4 数组 ···································· 162
　　7.4.5 内部函数(系统函数) ··············· 163
　　7.4.6 表达式 ································ 167
　　7.4.7 VBA程序流程控制 ··············· 169
　　7.4.8 VBA过程与参数传递 ··········· 177
　　7.4.9 变量和过程的作用域 ··········· 181
7.5 小结 ·· 183
7.6 练习题 ···································· 184
7.7 实训项目 ································ 189

第8章 VBA 数据库编程 ················ 193
8.1 数据库接口技术 ······················ 193
8.2 VBA数据库访问技术 ············· 194
　　8.2.1 利用DAO访问数据库 ········ 194
　　8.2.2 利用ADO访问数据库 ········ 196
8.3 VBA程序的调试与错误处理 ··· 199
　　8.3.1 VBA程序的错误类型 ········ 199
　　8.3.2 VBA程序的调试方法 ········ 200
　　8.3.3 调试工具的使用 ··············· 200
8.4 小结 ·· 201
8.5 练习题 ···································· 201
8.6 实训项目 ································ 205

第9章 公共基础知识 ····················· 207
9.1 数据结构与算法 ······················ 207
　　9.1.1 算法 ···································· 207
　　9.1.2 数据结构的基本概念 ········ 208
　　9.1.3 栈及线性链表 ··················· 208
　　9.1.4 树与二叉树 ······················ 209
　　9.1.5 查找技术 ·························· 211
　　9.1.6 排序技术 ·························· 211
9.2 程序设计基础 ·························· 212
　　9.2.1 结构化程序设计 ··············· 212
　　9.2.2 面向对象的程序设计 ········ 212
9.3 软件工程基础 ·························· 213
　　9.3.1 软件工程基本概念 ··········· 213
　　9.3.2 结构化设计方法 ··············· 214
　　9.3.3 软件测试 ·························· 215
　　9.3.4 软件的调试 ······················ 216
9.4 数据库设计基础 ······················ 216
　　9.4.1 数据库系统的基本概念 ···· 216
　　9.4.2 数据模型 ·························· 218
　　9.4.3 关系代数 ·························· 219
　　9.4.4 数据库设计与管理 ··········· 220
9.5 小结 ·· 220
9.6 练习题 ···································· 220
9.7 实训项目 ································ 224

参考文献 ·· 225

第1章
数据库概述

当今社会是信息爆发式增长的社会。信息社会离不开数据。人们日常生活中需要处理许许多多的数据,这些数据的收集、处理、存储、发布以及对数据的挖掘利用,都会使用数据库。数据库技术产生于 20 世纪 60 年代末,是数据管理的最新技术,是计算机科学的重要研究分支。在数据库领域,出现了很多杰出的计算机科学家。信息社会信息化程度的高低依赖于数据库技术的发展水平。

本章首先介绍数据库的基本概念,对数据库、数据库系统和数据库管理系统等进行介绍;接着介绍数据管理技术发展的三个阶段的特点,介绍数据模型和关系运算;最后对 E-R 模型以及规范化理论进行介绍。

1.1 数据库的基本概念

数据库技术是信息系统的核心和基础,它的出现极大地促进了计算机应用向各行各业的渗透。人类对数据可以进行数据处理和数据管理。数据处理是对各种形式的数据进行收集、存储、加工和传输等活动的总称。数据的收集、分类、组织、编码、存储、检索、传输和维护等环节是数据处理的基本操作,称为数据管理。数据管理是数据处理的核心问题。一个国家数据库的建设规模、数据库信息量的大小和使用频度已成为衡量一个国家信息化程度的重要标志。

1.1.1 信息与数据库

什么是数据呢?数据(Data)是描述事物的符号记录,是数据库中存储的基本对象。数据分为数值数据和非数值数据,早期的计算机系统主要用于科学计算,处理的数据是整数、实数、浮点数等传统数学中的数据,现代计算机能存储和处理的对象十分广泛,表示这些对象的数据也越来越复杂。例如,王老师的年龄是 50 岁,某件商品的价格是 10.50 元,小王买的书的数量是 20 本,这些数据就是数值数据;而一个人的姓名是李平、性别是男、学号是 201920112020,这些数据是非数值型数据。数据包括文本(如表示姓名、性别、学号的数据)、数字(如年龄、价格、数量)、图形、图像、声音等。数据的解释是指对数据含义的说明,数据的含义称为数据的语义,数据与其语义是不可分的,例如,数据(李平,1972,1992)表示什么呢?如果语义是(学生姓名、出生年份、入学年份),则从这个语义我们知道学生李平是 1972 年出生,入学年份是

1992 年；如果语义是(教师姓名、出生年份、参加工作年份)，则从这个语义我们知道教师李平是 1972 年出生，参加工作年份是 1992 年。再例如，200 这个数字可以表示一件物品的价格是 200 元，也可以表示一个专业的学生人数有 200 人，还可以表示一袋洗衣粉的重量是 200 克。

信息和数据有什么关系呢？为什么我们经常说信息社会而不说数据社会？信息是现实世界事物的存在方式或运动状态的反映。或认为，信息是一种已经被加工为特定形式的数据。信息的主要特征如下。

- 信息的传递需要物质载体，信息的获取和传递要消费能量。
- 信息可以感知；信息可以存储、压缩、加工、传递、共享、扩散、再生和增值。
- 数据是信息的载体和具体表现形式，信息不随数据形式的变化而变化。

数据有文字、数字、图形、声音等表现形式。例如，要将 2019 年 9 月 1 日下午 2 点在 1103 房间开会的信息通知某个同学，可以通过发送短消息(文本)或者打电话(语音)等数据形式发布。一般情况下将数据与信息作为一个概念而不加以区分。

数据库(Database，DB)是长期存储在计算机内的、有组织的、可共享的大量数据的集合。数据库具有较小的冗余度，较高的数据独立性和易扩展性，因为数据库中的数据是按某种数据模型进行组织的，数据存放在辅助存储器上，而且数据可被多个用户同时使用。所以，数据库中的数据按一定的数据模型组织、描述和存储，具有较小的冗余度、较高的数据独立性和易扩展性，并可为各种用户共享。数据库技术所研究的问题是如何科学地进行数据管理，这就离不开一个重要的系统软件：数据库管理系统。

1.1.2 数据库管理系统

数据库管理系统(Database Management System，DBMS)是用来对数据库进行高效管理的系统软件。数据库管理系统是用户与操作系统之间的一层数据管理软件，目的是科学地组织和存储数据、高效地获取和维护数据。通过数据库管理系统，人们可以方便地对数据库中的数据进行收集、存储、操作和维护。数据库管理系统的主要功能包括以下几个方面：

- 数据定义功能
- 数据操纵功能
- 数据库的运行管理功能
- 数据库的建立和维护功能

数据库管理系统是维护和管理数据库的软件，是数据库与用户之间的接口。作为数据库的核心软件，提供建立、操作、维护数据库的命令和方法。DBMS 是一个大型的、复杂的软件系统，是计算机中的基础软件。目前，专门研究 DBMS 的厂商及研制的 DBMS 产品很多。比较流行的有美国 IBM 公司的 DB2 关系数据库管理系统和 IMS 层次数据库管理系统、美国 Oracle 公司的 Oracle 关系数据库管理系统、Sybase 公司的 Sybase 关系数据库管理系统、美国微软公司的 SQL Server 关系数据库管理系统以及目前十分流行的开源关系数据库管理系统 MySQL 等。

数据库管理系统是操纵和管理数据库的一组软件，是数据库系统(DBS)的重要组成部分。不同的数据库系统都配有各自的 DBMS，而不同的 DBMS 各支持一种数据库模型，虽然它们的功能强弱不同，但大多数 DBMS 的构成相同，功能相似。一般来说，DBMS 具有定义、建立、维护和使用数据库的功能，通常由三部分构成：数据描述语言及其翻译程序、数据操纵语言及其处理程序和数据库管理的例行程序。

Access 2016 是一个关系数据库管理系统，它是微软开发的 Office 2016 套件中的组件之一，比较适合中小型企业。特点是用户界面友好，操作简单，面向对象，事件驱动，支持对多媒体数据的管理，内置大量的函数和宏，支持 VBA 编程。

1.1.3 数据库系统

数据库系统(Data Base System，DBS)是指在计算机系统中引入数据库后的系统，一般由数据库、数据库管理系统(及其开发工具)、应用系统、数据库管理员构成。数据库系统和数据库是两个不同的概念，数据库系统是一个人机系统，例如航空售票系统、公交信息查询系统和旅游信息系统等，数据库是数据库系统的一个组成部分。但在日常工作中，人们常常把数据库系统简称为数据库。读者需要能够从人们讲话或文章的上下文中区分"数据库系统"和"数据库"，不要将二者混淆。

使用数据库系统的好处是由数据库管理系统的特点或优点决定的。使用数据库系统的好处很多，例如，可以大大提高应用开发的效率，方便用户的使用，减轻数据库系统管理人员维护系统的负担等。使用数据库系统可以大大提高应用开发的效率，因为在数据库系统中应用程序不必考虑数据的定义、存储和存取路径，这些工作都由 DBMS 来完成。用一个通俗的比喻，使用了 DBMS 就如有了一个好参谋、好助手，许多具体的技术工作都由这个助手来完成。开发人员就可以专注于应用逻辑的设计，而不必为数据管理的许多复杂细节操心。还有，当应用逻辑改变，数据的逻辑结构也需要改变时，由于数据库系统提供了数据与程序之间的独立性，数据逻辑结构的改变是数据库管理员(DBA)的责任，开发人员不必修改应用程序，或者只需要修改很少的应用程序，从而既简化了应用程序的编制，又大大减少了应用程序的维护和修改。

使用数据库系统还可减轻数据库系统管理人员维护系统的负担。因为 DBMS 在数据库建立、运用和维护时对数据库进行统一的管理和控制，包括数据的完整性、安全性、多用户并发控制、故障恢复等，都由 DBMS 执行和控制。总之，使用数据库系统的优点是很多的，既便于数据的集中管理，控制数据冗余，提高数据的利用率和一致性，又有利于应用程序的开发和维护。数据库(DB)、数据库系统(DBS)和数据库管理系统(DBMS)三者之间的关系是：DBS 包括 DB 和 DBMS。

图 1-1 所示为数据库、数据库管理系统和数据库系统这三者的关系。

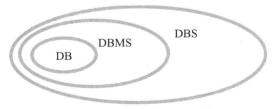

图 1-1　DBS、DBMS 和 DB 的关系

1.2 数据管理技术的发展阶段

数据管理是对数据进行分类、组织、编码、存储、检索和维护的过程，是数据处理的核心问题。

推动人类数据管理技术发展的动力包括应用需求的推动以及计算机硬件的发展和计算机软件的发展。人类数据管理技术的发展经历了以下三个阶段：

- 人工管理阶段(20 世纪 40 年代中期到 20 世纪 50 年代中期)
- 文件系统阶段(20 世纪 50 年代末到 20 世纪 60 年代中期)
- 数据库系统阶段(20 世纪 60 年代末到现在)

结合当时所处的历史阶段，以及软硬件发展水平，同学们不难理解数据管理所具有的特点以及制约条件。例如，在人工管理阶段，由于没有操作系统和存储设备，人类对数据的管理只能通过人工管理。随着操作系统的出现和随机存储设备的发展，可以通过文件来管理数据。

1.2.1 人工管理阶段

在计算机出现的初期，由于当时的软件和硬件的限制，人们对数据管理采用人工管理方式，从 20 世纪 40 年代中期到 50 年代中期将近十年的时间内，都是以人工管理方式对数据进行管理的。

当时的计算机主要用来进行科学计算，计算机没有操作系统，也没有直接存储设备。这些条件限制了人们只能采用人工方式管理数据。

这个阶段的数据管理者是用户(也就是程序员)，由于没有磁盘和磁带，数据不能保存在存储设备里面。数据面向的对象是某个特定的应用程序(简称应用)。例如，统计某个地区的人口信息，处理的数据只是针对统计程序。数据的共享程度低，几乎没有共享性，数据的冗余度很大；数据没有独立性，完全依赖于某个应用程序。当然，这个阶段的数据是没有结构的，程序员编写的应用程序自行控制数据。

1.2.2 文件系统阶段

随着计算机软硬件技术的发展，在 20 世纪 60 年代初期到 60 年代中后期，出现了随机存储磁盘，软件方面出现了操作系统，操作系统里面有文件系统，计算机应用不仅用于科学计算，还用来进行数据管理，操作系统除了有批处理系统，也有联机处理系统。这些技术允许人们使用文件系统来管理数据。

文件系统阶段的数据管理具有以下特点：通过文件系统来管理数据，数据可长期保存在设备上；数据依然是面向某一特定的应用程序；数据的共享性比较差，数据冗余度大；整体上看，数据没有结构，但记录内有结构；数据的独立性仍然较差，数据的逻辑结构改变必须修改应用程序，应用程序自己控制数据；文件中记录内是有结构的，数据的结构是由程序定义和解释的；数据只能是定长的，可以间接实现数据变长要求，但访问相应数据的应用程序复杂了；文件间是独立的，因此数据整体无结构；可以间接实现数据整体的有结构，但必须在应用程序中描述数据间的联系；数据的最小存取单位是记录。

采用文件系统管理数据相对于人工管理具有很大进步和优点,但这种管理方式依然有以下几个缺陷:
- 数据冗余大;
- 数据不一致性;
- 数据独立性较差。

例如,学校教务处、财务处、学生处几个部门分别开发的应用程序都在文件里面定义了学生信息,如姓名、联系电话、家庭住址等,这就是数据冗余。如果某个学生的家庭住址改变了,就要去修改这三个部门的文件中的学生的家庭住址信息,否则就会引起同一学生的数据不同部门中不一致,产生上述问题的原因是这三个部门的应用程序的文件中关于学生的数据没有联系,是相互独立的。

有些应用适用于文件系统而不是数据库系统,例如对于数据的备份、应用程序使用过程中产生的临时数据,一般使用文件系统比较合适。对于早期功能比较简单、比较固定的应用系统,一般适合采用文件系统。而目前几乎所有企业或部门的信息系统都是以数据库系统为基础的,数据的存储都使用数据库。例如,一个工厂的管理信息系统(其中包括许多子系统,如设备管理系统、物资采购系统、库存管理系统、作业调度系统、人事管理系统等),学校的学籍管理系统、人事管理系统,图书馆的图书管理系统等,都比较适合采用数据库系统。

1.2.3 数据库系统阶段

数据库系统阶段比文件系统阶段更为高级,它可以解决多用户、多应用共享数据的需求,使得数据尽可能面向更多的应用。数据库系统阶段不再使用人工和文件来管理数据,而使用专门的数据管理软件——数据库管理系统来管理数据。数据库系统阶段与文件系统阶段最大的差别在于数据的结构化。

与文件系统阶段相比,数据库系统阶段主要有以下三个优点。

第一个优点是数据结构化。数据结构化是数据库的主要特征之一,数据库系统实现整体数据的结构化是数据库系统与文件系统的本质区别。在数据库系统阶段,数据不再针对某一特定应用设计,而是面向全组织(单位),数据库系统阶段的数据具有整体的结构化特点。在文件系统中,数据的存取单位只有一个——记录,如一个学生的完整记录(学过 C 语言的同学可以思考如何用 C 语言编写一个电话簿来管理朋友的信息)。不仅数据是结构化的,而且数据的存取数量(即一次可以存取数据的大小)也很灵活,可以小到某一个数据项(如一个学生的学号),大到一组记录(成千上万个学生记录)。

第二个优点是数据的共享性程度高,冗余度小,容易扩充等。由于数据面向整个系统,是有结构的数据,不仅可以被多个应用共享使用,而且容易增加新的应用,数据库阶段的数据不再面向某个应用程序,而面向整个系统,因此可以被多个用户、多个应用以多种不同的语言共享使用。这就使得数据库系统弹性大,易于扩充。数据共享可以大大减少数据冗余,节约存储空间,还能避免数据之间的不相容性与不一致性。在文件系统阶段,数据是面向某个应用程序而设计的,也就是数据结构是针对某个具体应用设计的,数据只被这个应用程序或应用系统使用,可以说数据是某个应用的私有资源,数据库阶段的系统容易扩充也容易收缩,即应用增加或减少的时候不需要修改整个数据库的结构,只需要做很少的改动。可以取整体数据的各种子集用于不同的应用系统，应用需求发生改变时，只需要重新选取不同的子集或者添加一部分数据，即可满足新的需求。

第三个优点是数据独立性高。数据独立性是数据库系统的最重要特点之一，它使数据能独立于应用程序。数据独立性包括数据的物理独立性和数据的逻辑独立性。数据库管理系统的三级模式结构(外模式、模式和内模式)和二级映射功能保证了数据库中的数据具有很高的物理独立性和逻辑独立性。物理独立性是指用户的应用程序与存储在磁盘上的数据库中的数据是相互独立的，即数据在磁盘上怎样存储由 DBMS 管理，用户程序不需要了解，应用程序要处理的只是数据的逻辑结构，这样当数据的物理存储改变了，应用程序不用改变。逻辑独立性是指用户的应用程序与数据库的逻辑结构是相互独立的，即当数据的逻辑结构改变时，用户程序也可以不变。数据与程序的独立，把数据的定义从程序中分离出去，加上数据的存取又由 DBMS 负责，从而简化了应用程序的编制，大大减少了应用程序的维护和修改。可以说数据处理的发展史就是数据独立性不断进化的历史。在手工管理阶段，数据和程序完全交织在一起，没有独立性可言，数据结构做任何改动，应用程序也需要做相应的修改。文件系统出现后，虽然将两者分离，但实际上应用程序中依然要反映文件在存储设备上的组织方法、存取方法等物理细节，因而只要数据做了任何修改，程序仍然需要做改动。而数据库系统的一个重要目标就是使程序和数据真正分离，使它们能独立发展。

在数据库系统阶段，数据由数据库管理系统统一管理和控制，数据库管理系统提供了统一的数据定义、数据控制、安全机制以及一系列备份和恢复机制。另外，数据库管理系统提供数据库的共享机制，允许多个用户同时存取数据库中的数据甚至可以同时存取数据库中同一个数据。为此，DBMS 必须提供统一的数据控制功能，包括并发控制、数据的完整性检查、数据的安全性保护和数据库恢复。并发控制，对多用户的并发操作加以控制和协调，保证并发操作的正确性；数据的完整性检查，将数据控制在有效的范围内，或保证数据之间满足一定的关系；数据的安全性保护，保护数据以防止不合法的使用造成的数据的泄密和破坏；数据库恢复，当计算机系统发生硬件故障、软件故障，或者由于操作员的失误以及故意的破坏影响数据库中数据的正确性，甚至造成数据库部分或全部数据的丢失时，能将数据库从错误状态恢复到某一已知的正确状态(亦称为完整状态或一致状态)。

1.3 数据模型

数据模型是数据库中用来对现实世界进行抽象的工具，是数据库中用于提供信息表示和操作手段的形式构架。将现实世界转换成机器世界涉及几个概念。例如，要采用计算机来实现教务管理，需要经过几次建模，将现实世界转换成信息世界使用的模型称为概念模型，概念模型是数据库设计者交流的工具。概念模型实际上是现实世界到机器世界的一个中间层次。概念模型用于信息世界的建模，是现实世界到信息世界的第一层抽象，是数据库设计人员进行数据库设计的有力工具，也是数据库设计人员和用户之间进行交流的语言。

建立概念模型后，需要将概念模型转换成某种具体数据库系统支持的模型，在机器世界使用的模型称为数据模型。概念模型中最常用的是实体联系模型(E-R 模型)，概念模型的目的是根据需求分析得到概念模型(即 E-R 图)。E-R 图是数据库设计人员之间交流的工具，与具体的 DBMS 无关。接下来是将 E-R 图转换为某一种数据模型，数据模型也与 DBMS 相关。

图 1-2 表示将现实世界抽象成机器世界需要进行的两次抽象。第一次抽象是从现实世界到信息世界的抽象，得到概念模型，其中最常见也最容易理解的是 E-R 图；第二次抽象是将概念模型(如 E-R 图)转换成机器世界的数据模型(如最常用的关系模型)。

图 1-2　数据抽象

1.3.1　数据模型的分类

数据模型是数据库系统的基础，任何数据库管理系统都要按照一定的方式组织数据，数据模型是数据库管理系统用来对现实世界进行抽象的工具，是数据库中用于提供信息表示和操作手段的形式构架。一般来说，数据模型是严格定义的概念的集合。这些概念精确描述了系统的静态特性、动态特性和完整性约束条件。数据模型包括数据结构、数据操作和完整性约束三个要素。

- 数据结构：从静态特性描述数据，是研究对象类型的集合。
- 数据操作：描述可以对数据库中各种对象进行的什么操作，是操作的集合，包括操作及有关的操作规则，是对系统动态特性的描述。
- 完整性约束条件：约束条件是一组完整性规则的集合。完整性规则是给定的数据模型中数据及其联系所具有的制约和依存规则，用以限定符合数据模型的数据库状态以及状态的变化，以保证数据的正确、有效、相容。

任何一个数据库管理系统都以某种数据模型为基础，或者说支持某一个数据模型。数据库系统中，模型有不同的层次。根据模型应用的目的不同，可以将模型分成两类或者两个层次：一类是概念模型，按用户的观点来对数据和信息建模，用于信息世界的建模，强调语义表达能力，概念简单清晰；另一类是数据模型，按计算机系统的观点对数据建模，用于机器世界，人们可以用它定义、操纵数据库中的数据，一般需要有严格的形式化定义和一组严格定义了语法和语义的语言，并有一些规定和限制，便于在机器上实现。数据库管理系统常用的数据模型包括层次数据模型、网状数据模型和关系数据模型。

1. 层次数据模型

层次数据模型采用树<层次>结构来组织数据，层次数据模型的图形表示是一棵倒立生长的树，由数据结构中树(或者二叉树)的定义可知，每棵树都有且仅有一个根节点，其余的节点都是非根节点。每个节点表示一个记录类型对应于实体的概念，记录类型的各个字段对应实体的各个属性。各个记录类型及其字段都必须记录。

层次数据模型具有以下特点。

(1) 整个模型中有且仅有一个节点没有父节点，其余的节点必须有且仅有一个父节点，但是所有的节点都可以不存在子节点。

(2) 所有的子节点不能脱离父节点而单独存在。也就是说，如果要删除父节点，那么父节点下面的所有子节点都要同时删除，但是可以单独删除一些叶子节点。

(3) 每个记录类型有且仅有一条从父节点通向自身的路径。

图 1-3 以某所大学某个系的组织结构为例，说明层次数据模型的结构。

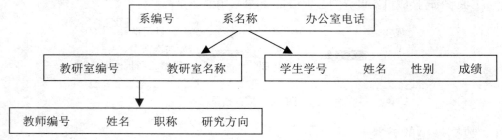

图 1-3　学校层次数据模型

(1) 系是根节点，其属性包括系编号、系名称和办公室电话。

(2) 教研室和学生分别构成了记录类型系的子节点，教研室的属性有教研室编号和教研室名称，学生的属性包含学生学号、姓名、性别和成绩。

(3) 教师是教研室这一实体的子节点，其属性有教师编号、姓名、职称和研究方向。

层次数据模型采用树结构来组织数据，因此层次数据模型具有以下优点。

(1) 模型简单，层次数据模型的结构简单、清晰、明朗，可以很容易看到各个实体之间的联系，对具有一对多层次关系的部门描述非常自然、直观，容易理解，这是层次数据库的突出优点。

(2) 用层次数据模型的应用系统性能好，查询效率较高，在层次数据模型中，节点的有向边表示了节点之间的联系，在 DBMS 中如果有向边借助指针实现，那么依据路径很容易找到待查的记录；操作层次数据类型的数据库语句比较简单，只需要几条语句就可以完成数据库的操作，特别是对于那些实体间联系是固定的且预先定义好的应用，采用层次数据模型来实现，其性能优于关系数据模型。

(3) 层次数据模型提供了良好的数据完整性支持，正如上面所说，如果要删除父节点，那么其下的所有子节点都要同时删除，如图 1.3 中，如果想要删除教研室，则其下的所有教师都要删除。

层次数据模型具有以下缺点。

(1) 结构缺乏灵活性，层次数据模型只能表示实体之间的 1：n 的关系，不能表示 m：n 的复杂关系，因此现实世界中的很多模型不能通过该模型方便地表示。现实世界中很多联系是非层次性的，如多对多联系、一个节点具有多个双亲等，层次数据模型不能自然地表示这类联系，只能通过引入冗余数据或引入虚拟节点来解决。

(2) 对插入和删除操作的限制比较多。

(3) 查询子女节点必须通过双亲节点。由于查询节点的时候必须知道其双亲节点，因此限制了对数据库存取路径的控制。

2. 网状数据模型

网状数据模型采用有向图表示实体和实体之间的联系。网状数据模型可以被看成放松层次数据模型的约束性的一种扩展。网状数据模型中所有的节点允许脱离父节点而存在。也就是说，在整个模型中允许存在两个或多个没有根节点的节点，同时也允许一个节点存在一个或者多个父节点，成为一种网状的有向图。因此，节点之间的对应关系不再是 1∶n，而是一种 m∶n 的关系，从而克服了层次数据模型的缺点。

图 1-4 以教务管理系统为例，说明了院系的组成中，教师、学生、课程之间的关系。可以从图中看出课程(实体)的父节点为专业、教研室、学生。以课程和学生之间的关系来说，是一种 m∶n 的关系。也就是说，一个学生能够选修多门课程，一门课程也可以被多个学生同时选修。网状数据模型中的每个节点表示一个实体，节点之间的有向线段表示实体之间的联系。

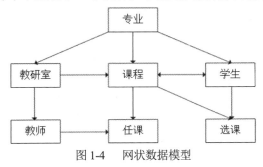

图 1-4　网状数据模型

网状数据模型具有以下优点。

(1) 网状数据模型可以很方便地表示现实世界中很多复杂的关系，能够更直接地描述现实世界，如一个节点可以有多个双亲。

(2) 修改网状数据模型时，没有层次数据模型那么多严格限制，可以删除一个节点的父节点而依旧保留该节点；也允许插入一个没有任何父节点的节点，这样的插入在层次数据模型中是不被允许的，除非首先插入的是根节点。

(3) 实体之间的关系在底层中可以通过指针实现，因此在这种数据库中执行操作的效率较高。

当然，网状数据模型也有很多缺点。网状数据模型结构复杂，使用不容易，随着应用环境的扩大，数据结构变得越来越复杂，不利于最终用户掌握；数据的插入、删除牵动的相关数据太多，不利于数据库的维护和重建。由于记录之间的联系是通过存取路径实现的，应用程序在访问数据时必须选择适当的存取路径。因此，用户必须了解系统结构的细节，加重了编写应用程序的负担。网状数据模型数据彼此关联较大，该模型其实是一种导航式的数据模型结构，不仅要说明要对数据做些什么，还要说明操作的路径。

3. 关系数据模型

关系数据模型使用关系(二维表)来表示实体和实体之间的联系。关系数据模型对应的数据库自然就是关系数据库，支持关系数据模型的数据库管理系统称为关系数据库管理系统。这是目前应用最多的数据库。同理，使用层次数据模型的数据库称为层次数据库，而使用网状数据模型的数据库称为网状数据库。

关系数据库是目前最流行的数据库，同时也是被普遍使用的数据库，如 MySQL、SQL Server、Oracle 等都是流行的关系数据库。

在关系数据模型中，无论是实体还是实体之间的联系都被映射成统一的关系：一张二维表。在关系数据模型中，操作的对象和结果都是一张二维表。关系数据库可用于表示实体之间多对多的关系，只是此时需要借助第三张表来实现多对多的关系，例如，学生选课系统中学生和课程之间的联系是一种多对多的关系，这种多对多的联系也是转换成二维表(关系)。例如，选课系统涉及三张表，分别是学生表、课程表和选课表，而选课表将学生和课程联系起来。关系数据模型的关系必须是规范化的关系，即每个属性是不可分割的实体，不允许表中嵌套另一张表。

1.3.2 关系数据模型

关系数据模型由关系数据结构、关系操作的集合和关系完整性约束三部分组成。从用户观点来看，关系数据模型中，逻辑数据结构是一张简单的二维表，它由行和列组成。例如，图 1-5 所示的日常生活中常见的二维表就是关系。

学号	姓名	性别	年龄
2018202011	李平	男	19
2018202012	王梅	女	20
2018202013	董东	男	18
2018202014	王芳	女	19

图 1-5 学生关系

在关系数据模型中，有一些概念需要理解并掌握。

1. 关系

一个关系就是一张二维表。通常将一个没有重复行、重复列，并且每个行列的交叉点只有一个基本数据的二维表格看成一个关系，每个关系都有一个关系名。

例如，图 1-5 这张二维表是一个关系，关系名叫学生关系。

2. 元组

二维表除了第一行之外的每一行在关系中称为一个元组。在 Access 中，一个元组对应表中的一条记录。

例如，图 1-5 中第二行在关系中成为元组，如果在二维表中称为记录。

3. 属性

二维表的每一列在关系中称为属性。每个属性都有一个属性名，一个属性在其每个元组上的值称为属性值。一个属性包括多个属性值。在 Access 中，一个属性对应二维表中的一个字段 (Field)，属性名对应字段名，属性值对应各个记录的字段值。

例如，图 1-5 中学号这列称为属性或者字段，学号称为属性名或者字段名，"2018202011" "2018202012" "2018202013" "2018202014" 称为属性值或者字段值。

4. 域

属性或者字段的取值范围称为域。域作为属性值的集合，其类型与范围由属性的性质及其所表示的意义具体确定。同一属性只能在相同域中取值。例如，图 1-5 中的"性别"属性的域是"男"或"女"。

5. 关键字

在关系数据模型中，能唯一标识关系中不同元组的属性或属性组合，称为该关系的一个关键字。单个属性组成的关键字称为单关键字，多个属性组成的关键字称为组合关键字。

关系中能够成为关键字的属性或属性组合可以有多个。凡是在关系中能够唯一区分、确定不同元组的属性或属性组合，均称为候选键或候选关键字。在候选关键字中选定一个并且只能一个作为该关系的主关键字，简称主键或主码(Primary Key，PK)。关系中的主关键字是唯一的。例如，图 1-5 中，假设学号、姓名这两个属性没有重复值，就可以把学号和姓名当成候选关键字，学号当成主关键字。一个表中主关键字只能有一个。

还有一种关键字称为外部关键字。一个关系中某个属性或属性组合并非关键字，但却是另一个关系的主关键字，称此属性或属性组合为本关系的外部关键字。它是关系之间联系的纽带，关系之间的联系是通过外部关键字实现的，本书 2.5 节将有详细的阐述。

6. 关系模式

对关系的描述称为关系模式，其表示格式如下：

关系名(属性名1，属性名2，…，属性名n)

关系既可以用二维表格来描述，也可以用数学形式的关系模式来描述。一个关系模式对应一个关系的结构。在 Access 中，这就是表的结构，其表示如下：

表名(字段名1，字段名2，…，字段名n)

例如，图 1-5 "学生关系"表对应的关系模式可表示为：学生关系(学号，姓名，性别，年龄)。

在关系数据库中，关系具有以下性质：
- 所有的属性都是原子属性。
- 元组的顺序无关紧要，即元组的次序可以任意交换。
- 属性的顺序是非排序的，即它的次序可以任意交换。
- 同一属性名下的各个属性值(同列)是同类型数据，且来自同一个域。
- 关系中没有重复元组，任意元组在关系中都是唯一的。
- 不同属性必须具有不同的属性名，不同属性可来自同一个域。

绝大多数数据库系统在总的体系结构上都具有三级模式的特征。三级模式是对数据的三个抽象级别。图 1-6 所示是数据库的三级模式。

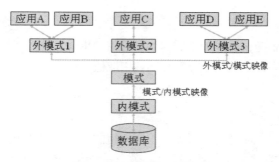

图 1-6　数据库的三级模式

根据不同角度理解数据库的数据，体系结构分为三级模式：外模式、模式和内模式。数据库管理系统在三级模式之间提供的两层映像(外模式/模式映像、模式/内模式映像)保证了数据库系统中的数据能够具有较高的逻辑独立性和物理独立性。

外模式又称为用户模式或者子模式，它是数据库用户(包括应用程序员和最终用户)能够看见和使用的局部数据的逻辑结构和特征的描述，是数据库用户的数据视图，是与某一应用有关的数据的逻辑表示。例如，关系数据库的视图就是外模式。外模式保证了数据库的安全性。每个用户只能看见和访问所对应的外模式中的数据，数据库中的其余数据是不可见的。

模式又称为逻辑模式，是数据库中全体数据的逻辑结构和特征的描述，是所有用户的公共数据视图。一个数据库只有一个模式。在定义模式时不仅要定义数据的逻辑结构，例如，数据记录由哪些数据项构成，数据项的名称、类型、取值范围等，而且要定义数据之间的联系，定义与数据有关的安全性、完整性要求。

内模式又称为存储模式或者物理模式。一个数据库只有一个内模式。它是数据物理结构和存储方式的描述，是数据在数据库内部的表示方式。例如，数据是否加密，是否压缩存储，数据的存储记录结构有何规定等。

正是因为数据库具有三级模式和两级映射，从而保证了数据的逻辑独立性和物理独立性。数据的逻辑独立性是指当数据库的模式发生改变时，应用程序不需要改变。例如，在数据库中增加新的表、新的字段，改变某个表中属性的数据类型或者长度等，改变了模式，则数据库管理员对各个外模式/模式的映像做相应改变，可以使外模式保持不变，也就是应用程序不需要改变。这是因为应用程序是依据数据的外模式编写的，从而应用程序不必修改，保证了数据与程序的逻辑独立性，简称数据的逻辑独立性。数据与程序的物理独立性是指当数据库的存储结构发生改变，数据库管理员只需要对模式/内模式之间的映像做相应改变，从而可以使模式不必改变，因此应用程序也不用改变，这样保证了数据与程序的物理独立性，简称数据的物理独立性。

关系的完整性规则包括实体完整性、参照完整性和用户自定义完整性三种。

实体完整性规则的意思是关系中元组在主码上不能相同或者不能为空值(NULL，不确定的意思)。如果出现空值，那么关键值就起不了唯一标识元组的作用。例如，在输入学生表的数据时，学号为主码，因此学号字段不能不输入(为空)，也不能相同。

参照完整性规则指外码的取值要么为空，要么取主码表中的值，而不能取其他的值。例如，学生表和班级表可以用下面的关系模式表示，其中主码用下画线标识：

学生(<u>学号</u>，姓名，性别，班级号，年龄，籍贯)

班级(<u>班级号</u>，班级名，班主任姓名)

这两个关系之间存在着属性的引用,即学生关系的班级号引用了班级关系的班级号。显然,学生关系中的班级号的取值要么为空值(也就是这个学生的班级不确定),要么必须是确实存在的班级表的班级号,而不能是其他的值,即班级关系中有该班级的记录。也就是说,学生关系中的某个属性的取值需要参照班级关系的属性取值。

用户自定义完整性规则是针对某一具体数据的约束条件,由具体应用环境决定。它反映某一具体应用所涉及的数据必须满足的语义要求。例如,年龄的取值只能是大于 0 的正整数,而不能是负数。

1.4 关系运算

关系数据库建立在关系代数理论的基础之上。有很多数据理论可以表示关系模型的数据操作,其中最著名的是关系代数与关系运算。关系运算的运算对象是关系,运算结果也是关系,在离散数学中,二元关系也属于特殊的集合,因此关系运算包括传统的集合运算和专门的关系运算两类。传统的集合运算是从关系的水平方向,即行的角度来进行的,主要是集合与集合之间的运算,包括并、交、差、笛卡儿积;而专门的关系运算不仅涉及行,还涉及列,包括选择、投影、连接、除。

1.4.1 传统的集合运算

传统的集合运算是二目运算(又称二元运算)。以下运算用到的两个关系 R 和 S 均为 n 元关系,且相应的属性取自同一个域,如图 1-7 所示。

关系 R

姓名	年龄	性别
李平	20	男
王梅	21	女
袁弘	20	男

关系 S

姓名	年龄	性别
李平	20	男
柳军	22	男
张彤	20	女

图 1-7 关系 R 和 S

基本运算如下:

1. 并(Union)

关系 R 和 S 的并为:

$$R \cup S = \{t | t \in R \vee t \in S\}$$

其结果仍为 n 目关系。任取元组 t，当且仅当 t 属于 R 或 t 属于 S 时，t 属于 R∨S。例如，上述集合 R 和 S 的并集结果如图 1-8 所示。

姓名	年龄	性别
李平	20	男
王梅	21	女
袁弘	20	男
柳军	22	男
张彤	20	女

图 1-8　R∪S

2. 交(Intersection)

关系 R 和 S 的交为：

$$R \cap S = \{t | t \in R \wedge t \in S\}$$

其结果仍为 n 目关系。任取元组 t，当且仅当 t 既属于 R 又属于 S 时，t 属于 R∩S。从集合论的观点分析，关系的交运算可表示为差运算：R∩S=R−(R−S)。例如，上述集合 R 和 S 的交集结果如图 1-9 所示。

姓名	年龄	性别
李平	20	男

图 1-9　R∩S

3. 差(Difference)

关系 R 和 S 的差为：

$$R-S = \{t | t \in R \wedge \neg t \in S\}$$

其结果仍为 n 目关系。任取元组 t，当且仅当 t 属于 R 且 t 不属于 S 时，t 属于 R-S。R-S 的元素是属于 R 不属于 S 的元组。例如，上述集合 R 和 S 的差集结果如图 1-10 所示。

姓名	年龄	性别
王梅	21	女
袁弘	20	男

图 1-10　R-S

4. 笛卡儿乘积(Cartesian Product)

设 R 为 m 目关系，S 为 n 目关系，则 R 和 S 的广义笛卡儿乘积为：

$$R \times S = \{t | t = <t_r, t_s> \wedge t_r \in R \wedge t_s \in S\}$$

其结果为 m+n 目关系。元组的前 m 列是关系 R 的一个元组，元组的后 n 列是关系 S 的一个元组。若 R 有 k_1 个元组，S 有 k_2 个元组，则 R×S 有 $k_1 \times k_2$ 个元组。

例如，R 和 S 关系的笛卡儿乘积如图 1-11 所示。

R.姓名	R.年龄	R.性别	S.姓名	S.年龄	S.性别
李平	20	男	李	20	男
李平	20	男	柳	22	男
李平	20	男	张	20	女
王梅	21	女	李	20	男
王梅	21	女	柳	22	男
王梅	21	女	张	20	女
袁弘	20	男	李	20	男
袁弘	20	男	柳	22	男
袁弘	20	男	张	20	女

图 1-11 关系的笛卡儿乘积 R×S

对关系 R 和 S 的并、交、差和笛卡儿乘积进行描述见图 1-12。

关系 R

A	B	C
a_1	b_1	c_1
a_1	b_2	c_2
a_2	b_2	c_1

关系 S

A	B	C
a_1	b_2	c_2
a_1	b_3	c_2
a_2	b_2	c_1

A	B	C
a_1	b_1	c_1
a_1	b_2	c_2
a_2	b_2	c_1
a_1	b_3	c_2

(a) R∪S

A	B	C
a_1	b_1	c_1

(b) R−S

A	B	C
a_1	b_2	c_2
a_2	b_2	c_1

(c) R∩S

R.A	R.B	R.C	S.A	S.B	S.C
a_1	b_1	c_1	a_1	b_2	c_2
a_1	b_1	c_1	a_1	b_3	c_2
a_1	b_1	c_1	a_2	b_2	c_1
a_1	b_2	c_2	a_1	b_2	c_2
a_1	b_2	c_2	a_1	b_3	c_2
a_1	b_2	c_2	a_2	b_2	c_1
a_2	b_2	c_1	a_1	b_2	c_2
a_2	b_2	c_1	a_1	b_3	c_2
a_2	b_2	c_1	a_2	b_2	c_1

(d) R×S

图 1-12 关系 R 和 S 的并、交、差和笛卡儿乘积

实际进行笛卡儿乘积运算时，可从 R 的第一个元组开始，依次与 S 的每一个元组组合，然后对 R 的下一个元组进行同样的操作，直至 R 的最后一个元组也进行完相同操作为止，即可得到 R×S 的全部元组。

1.4.2 专门的关系运算

专门的关系运算包括选择、投影、连接和除。前两个是一元操作，后两个为二元操作，我们重点对选择、投影和连接进行讲解，并且针对图 1-13 所示的关系 R 进行讲解。

姓名	年龄	性别
李平	20	男
王梅	21	女
袁弘	20	男

图 1-13　关系 R

1. 选择(Selection)

假设 R 是 n 目关系，F 是命题公式，其结果为逻辑值，取"真"或"假"，则 R 的选择操作定义为：

$$\sigma_F(R)=\{t|t\in R\wedge F(t)=true\}$$

即取出满足条件 F 的所有元组。其中 F 包含下列两类符号：

运算对象有元组分量(属性名或列序号)、常数；运算符有 >、≥、<、≤、=、≠、¬、∧、∨。选择运算是从关系 R 中选取使逻辑表达式 F 为真的元组，是从行的角度进行的运算。

例如，对关系 R 进行以下查询的关系运算。

(1) 查询男生的信息。

$$\sigma_{性别='男'}(R)$$

(2) 查询年龄大于 20 的学生的信息。

$$\sigma_{年龄>20}(R)$$

(3) 查询年龄大于 20 的男学生的信息。

$$\sigma_{性别='男'\wedge 年龄>20}(R)$$

条件表达式 F 中的字符常量需要用单引号括起。选择操作是从关系里面选择满足条件 F 的元组，选择操作一般从行的角度进行筛选，有的数据库管理系统将选择操作称为水平筛选，选择操作的结果仍然是关系，结果的字段数量不会减少。

2. 投影(Projection)

投影操作是从关系 R 中选择出若干属性列组成新的关系。

$$\pi_A(R) = \{ t[A] | t \in R \}$$

A：关系 R 中的属性列。

投影操作主要是从列的角度进行运算，也就是选择关系的部分列而得到新的关系，投影又称为垂直筛选。投影操作之后不仅去掉了原关系中的某些字段，而且还可能取消某些元组(去掉重复的行)。

例如，在图 1-14 中查询关系 R_1 的年龄分布的关系代数为：

$$\pi_{年龄}(R_1)$$

姓名	年龄	性别
李平	20	男
王梅	21	女
袁弘	20	男

图 1-14　关系 R_1

得到的结果如下:

年龄
20
21

查询关系 R_1 的姓名和年龄的关系代数为:

$$\pi_{姓名, 年龄}(R_1)$$

得到的结果如下:

姓名	年龄
李平	20
王梅	21
袁弘	20

3. 连接(Join)

连接分为内连接和外连接。内连接只将满足连接条件的元组保存在结果中;外连接除了将满足条件的元组保存在结果中,还把舍弃的元组也保存在结果关系中,并在其他属性上填空值(Null)。

外连接分为左外连接、右外连接和完全外连接。如果只把左边关系 R 中要舍弃的元组保留,就称为左外连接。如果只把右边关系 S 中要舍弃的元组保留,就称为右外连接。如果把左边关系和右边关系中不满足连接条件的元组也放在结果中,就称为完全外连接。

内连接也称为 θ 连接。连接运算的含义是从两个关系的笛卡儿积中选取属性间满足一定条件的元组。

内连接公式如下所示:

$$R \underset{A\theta B}{\infty} S = \{<t_r, t_s> | t_r \in R \land t_s \in S \land t_r[A] \theta t_s[B]\}$$

θ 运算符是比较运算符,如>、<、≠、=。A 和 B 分别是关系 R 和关系 S 上的一个属性或者多个属性组合。R 和 S 的连接运算是从 R 和 S 的广义笛卡儿积 R×S 中选取(R 关系)在 A 属性组上的值与(S 关系)在 B 属性组上的值满足比较关系 θ 的元组。

有两类最常用的连接运算:等值连接和自然连接。当连接符号 θ 为=时的连接运算称为等值连接。等值连接的含义是从关系 R 与 S 的广义笛卡儿积中选取 A、B 属性值相等的那些元组而得到的关系。

自然连接是一种特殊的等值连接,等值连接中包含相同的字段,这样的关系看起来很不自然,为了让连接后的关系更加自然,两个连接关系中进行比较的字段必须是相同的属性或者属性组合,在结果中把重复的列去掉。

自然连接公式如下所示:

$$R \infty S = \{<t_r, t_s> | t_r \in R \land t_s \in S \land t_r[A] = t_s[B]\}$$

下面通过举例说明 θ 连接和自然运算,结果如下所示。

R 关系

A	B	C
a_1	b_1	3
a_2	b_1	5
a_3	b_2	5
a_4	b_3	6

S 关系

B	D
b_1	4
b_2	5
b_3	5
b_3	3

$R \underset{C<D}{\infty} S$

A	R.B	C	S.B	D
a_1	b_1	3	b_1	4
a_1	b_1	3	b_2	5
a_1	b_1	3	b_3	5

$R \underset{R.B=S.B}{\infty} S$

A	R.B	C	S.B	D
a_1	b_1	3	b_1	4
a_2	b_1	5	b_1	4
a_3	b_2	5	b_2	5
a_4	b_3	6	b_3	5
a_4	b_3	6	b_3	3

自然连接 $R \infty S$

A	B	C	D
a_1	b_1	3	4
a_2	b_1	5	4
a_3	b_2	5	5
a_4	b_3	6	5
a_4	b_3	6	3

1.5 数据库设计

如果一个数据库没有进行一个良好的设计,那么这个数据库完成之后存在以下缺点:效率会很低,更新和检索数据时会出现很多问题;反之,一个数据库被精心策划了一番,具有良好的设计,那么它的效率会很高,并便于进一步扩展,使应用程序的开发变得更容易。

数据库的设计步骤如下:

需求分析阶段:分析客户的业务和数据处理需求。

概要设计阶段:主要就是绘制数据库的 E-R 图。

详细设计阶段:应用数据库的三大范式审核数据库的结构。

1.5.1 实体联系图(E-R 图)

E-R 图也称实体联系图(Entity Relationship Diagram),提供了表示实体类型、属性和联系的方法,用来描述现实世界的概念模型。每一类数据对象的个体称为实体,而每一类对象个体的集合称为实体集,如学生是一个实体集,张三是一个实体,姓名是一个属性。

两个实体之间的联系包括一对一(1:1)、一对多(1:n)和多对多(m:n)三种。比如,一个学校只能有一个校长,而一个校长也只能担任一个学校的校长。学校和校长之间的联系就是一对一联系。一个学校里有多名教师,而每个教师只能在一个学校教学,学校和教师之间的联系就是一对多联系。一个学生可以上 n 门课程,而每一门课程可以有 m 个学生学习。课程和学生实体之间的联系就是多对多联系。联系可以有自己的属性,如学生和课程之间有选课联系每个选课联系都有一个成绩作为其属性,成绩属性描述某个学生选修某门课程的成绩。

E-R 图的四个组成部分如下。

(1) 矩形框:表示实体,在矩形框中写上实体的名称。
(2) 椭圆形框:表示实体或联系的属性。
(3) 菱形框:表示联系,在框中写上联系名。
(4) 连线:实体与属性之间、实体与联系之间、联系与属性之间用直线相连。对于一对一联系,要在两个实体连线方向各写 1;对于一对多联系,要在一的一方写 1,多的一方写 n;对于多对多关系,则要在两个实体连线方向各写 n、m。

1.5.2 规范化理论

关系模型有严格的数学理论基础,因此人们就以关系模型作为讨论对象,形成了数据库逻辑设计的一个有力工具——关系数据库的规范化理论。关系数据库的规范化设计是指面对一个现实问题,如何选择一个比较好的关系模式集合。规范化设计理论对关系数据库结构的设计起着重要的作用。

什么是好的数据库呢?我们在设计关系模式时,能不能将所有的信息放在一张表里面?构建好的、合适的数据库模式是数据库设计的基本问题,如果数据库没有进行相应的规范设计,虽然在查询数据库时可能会比较容易,但有时会造成一些问题,主要有以下几个问题。

- 信息重复(会造成存储空间的浪费及一些其他问题)。
- 更新异常(冗余信息不仅浪费空间,还会增加更新的难度)。

- 插入异常。
- 删除异常(在某些情况下，当删除一行时，可能会丢失有用的信息)。

好的数据库设计，体现客观世界的信息，而且无过度冗余、无插入异常、无删除异常、无更新复杂。

假设需要设计一个学生学习情况数据库。下面我们以模式 SCG(学号，姓名，年龄，所在系，课程号，课程名，学分，成绩)为例来说明将所有信息都放在这张表里面存在的问题。

- 冗余度大：每选一门课，他本人信息和有关课程信息都要重复一次。
- 插入异常：插入一门课，若没学生选修，则不能把该课程插入表中。
- 删除异常：如 S11 号学生的删除，有一门只有他选，会造成课程的丢失。
- 更新复杂：更新一个人的信息，则要同时更新很多条记录。还有更新选修课时也存在这样的情况。

异常的原因是数据存在依赖约束。解决方法是数据库设计的规范化：分解，每个相对的独立，依赖关系比较单纯，如分解为第 3 范式(3NF)。

可以采用分解的方法，将上述 SCG 分解成以下三个模式(也就是一个表分为三个表)：

S(学号，姓名，年龄，所在系)
C(课程号，课程名，学分)
SC(学号，课程号，成绩)

函数依赖(Functional Dependency，FD)是指一个或一组属性可以(唯一)决定其他属性的值。

数学的语言：

设有关系模式 R(U)，其中 U={A_1, A_2, …, A_n}是关系的属性全集，X、Y 是 U 的属性子集，设 t 和 u 是关系 R 上的任意两个元组，如果 t 和 u 在 X 的投影 t[X]=u[X]推出 t[Y]=u[Y]，即 t[X]=u[X] => t[Y]=u[Y]，则称 X 函数决定 Y，或 Y 函数依赖于 X，记为 X→Y。在上述关系模式 S(学号，姓名，年龄，所在系)中，存在以下函数依赖：

学号→年龄
学号→姓名
(学号，课程号)→成绩

完全函数依赖和部分函数依赖：设 X、Y 是关系模式 R 的不同属性集，若 X→Y(Y 函数依赖于 X)，并且对于 X 的任意一个真子集 X′都有 X′→Y，则称 Y 完全函数依赖于 X(即不存在真子集仍然是函数依赖关系的函数依赖是完全函数依赖)，否则称 Y 部分函数依赖于 X。

例如，在上例关系模式 S 中，姓名是完全依赖于学号；成绩是部分依赖于学号。

在属性 Y 与 X 之间，除了存在完全函数依赖和部分函数依赖等直接函数依赖关系外，还存在间接函数依赖关系。如果在关系模式 S 中增加系的办公电话字段，从而有学号→系名，系名→办公电话，于是有学号→办公电话。在这个函数依赖中，办公电话并不直接依赖于学号，是通过中间属性系名间接依赖于学号，这就是传递函数依赖。

1.5.3 关系模式的规范化

1. 什么是范式(Normal Forms)

构造数据库必须遵循一定的规则，满足特定规则的模式称为范式。一个关系满足某个范式所规定的一系列条件时,它就属于该范式。可以用规范化要求来设计数据库,也可验证设计结果的合理性,用其来指导优化数据库设计过程。

关系规范化条件可分为几级,每级称为一个范式,记为第 x 范式。

1NF→2NF→3NF→BCNF,4NF→5NF

级别越高,条件越严格,高级的范式包含低级的范式,例如,一个关系模式满足第 2 范式,则一定满足第 1 范式。

范式是衡量模式优劣的标准,范式表达了模式中数据依赖之间应满足的联系。如果关系模式 R 是 3NF,那么 R 上成立的非平凡 FD 都应该左边是超键或右边是非主属性。如果关系模式 R 是 BCNF,那么 R 上成立的非平凡的 FD 都应该左边是超键。范式的级别越高,其数据冗余和操作异常现象就越少。

2. 第 1 范式(1NF)

如果一个关系模式 R 的每个属性的域都只包含单纯值,而不是一些值的集合或元组,则称关系是第 1 范式,记为 R∈1NF。

或者,如果关系模式 R 的每个关系 r 的属性值都是不可分的原子值,那么称 R 是第一范式(理解:每个元组的每个属性只含有一个单纯值,即要求属性是原子的)。这是关系模式的基本要求,条件是最松的,只要你不硬把两个属性塞到一个字段中去。如果不满足 1NF,就不是关系数据库。比如下表是不满足第一范式的关系模式。

字段 1	字段 2	字段 3		字段 4
		属性 1	属性 2	

把一个非规范化的模式变为 1NF 有以下两种方法。

(1) 把不含单纯值的属性分解为多个属性,使它们仅含有单纯值。

例:通信方式分为电话、手机、邮编、地址等。

例:Name(First Name,Last Name)

(2) 把关系模式分解,并使每个关系都符合 1NF。

下面介绍列和行的原子属性。

列的原子属性:每个字段不再分割成多个属性。

行的原子属性:每个元组在表中只可出现一次。

第一范式中一般情况下都会存在数据的冗余和异常现象,因此关系模式需要进行进一步的规范化。

3. 第 2 范式(2NF)

它是在 1NF 的基础上建立起来的。如果关系模式 R∈1NF,且它的任一非主属性都完全函数依赖于任一候选关键字,则称 R 满足第 2 范式,记为 R∈2NF。(理解:不存在非主属性对关键字的部分函数依赖)。

例:学生(学号,课程号,成绩,学分)就不满足第二范式,因为学分是部分依赖于主属性。因此,学生∈1NF。

例:S(学号,姓名,年龄,系名,办公电话),因为每个非主属性对关键字 S 都是完全函数依赖的，S∈2NF。由上例可知，2NF 依然有较多冗余(办公电话)，继续分解，提高条件。

4. 第 3 范式(3NF)

如果 R∈2NF，且每一个非主属性不传递依赖于任一候选关键字，则称 R∈3NF。(理解：任一属性不依赖于其他非主属性)。

例：S(学号，姓名，年龄，系名，办公电话)中办公电话属性对关键字学号是传递函数依赖的，因此关系 S 不满足第 3 范式。

通过分解：

S(学号，姓名，年龄，系名，办公电话)

D (系名，办公电话)

上述两个关系就满足第 3 范式了,每个非主属性既不部分依赖也不传递依赖于候选关键字。

1.6 小结

数据库是大量结构化的数据的集合，数据管理发展经历了三个阶段：人工管理阶段、文件系统阶段和数据库系统阶段。E-R 模式是数据库设计人员之间交流的工具，实体之间的联系包括一对一、一对多和多对多的联系，规范化理论是设计数据库的理论基础，通过规范化可消除关系的异常。

1.7 练习题

选择题

1. 支持数据库各种操作的软件系统称为(　　)。
   A. 命令系统　　　　B. 数据库系统　　　C. 操作系统　　　　D. 数据库管理系统
2. 在 Access 数据库中，与关系模型中"域"对应的概念是(　　)。
   A. 字段的取值范围　　　　　　　　B. 字段的默认值
   C. 字段的数据类型　　　　　　　　D. 字段的显示格式
3. 在实体关系模型中，有关系 R(学号，姓名)、关系 S(学号，课程编号)和关系 P(课程编号，课程名)要得到关系 Q(学号，姓名，课程名)，应该使用的关系运算是(　　)。
   A. 连接　　　　　B. 选择　　　　　C. 投影　　　　　D. 无法实现
4. Access 中，与关系模型中的概念"元组"相对应的术语是(　　)。
   A. 字段　　　　　B. 记录　　　　　C. 表　　　　　　D. 域
5. 如果"主表 A 与相关表 B 之间是一对一联系"，它的含义是(　　)。
   A. 主表 A 和相关表 B 均只能各有一个主关键字字段
   B. 主表 A 和相关表 B 均只能各有一个索引字段
   C. 主表 A 中的一条记录只能与相关表 B 中的一条记录关联
   D. 主表 A 中的一条记录只能与相关表 B 中的一条记录关联，反之亦然

6. 要在表中检索出属于计算机学院的学生，应该使用的关系运算是(   )。
    A. 连接   B. 关系   C. 选择   D. 投影
7. 在关系数据库中，关系是指(   )。
    A. 各条记录之间有一定的关系   B. 各个字段之间有一定的关系
    C. 各个表之间有一定的关系   D. 满足一定条件的二维表
8. 下列与 Access 表相关的叙述中，错误的是(   )。
    A. 设计表的主要工作是设计表的字段和属性
    B. Access 数据库中的表由字段和记录构成
    C. Access 不允许在同一个表中有相同的数据
    D. Access 中的数据表既相对独立又相互联系
9. 在 Access 2016 中，对数据库对象进行组织和管理的工具是(   )。
    A. 工作区   B. 导航窗格   C. 命令选项卡   D. 数据库工具
10. Access 中存储基本数据的对象是(   )。
    A. 表   B. 查询   C. 窗体   D. 报表
11. 使用 Access 数据库管理技术处理的数据不仅可以存储为数据库文件，还可以多种文件格式导出数据，以下不支持导出的文件格式是(   )。
    A. Word 文件   B. Excel 文件   C. PDF 文件   D. PNG 文件
12. 若有关系(课程编号，课程名称，学号，姓名，成绩)，要得到关系中有多少门不同的课程名称，应使用的关系运算是(   )。
    A. 连接   B. 关系   C. 选择   D. 投影
13. 下列关于关系模型特点的叙述中，错误的是(   )。
    A. 一个数据库文件对应着一个实际的关系模型
    B. 一个具体的关系模型由若干关系模式所组成
    C. 在一个关系中属性和元组的次序都是无关紧要的
    D. 可将手工管理的表按一个关系直接存到数据库中
14. 一个元组对应表中的(   )。
    A. 一个字段   B. 一个域   C. 一个记录   D. 多个记录
15. 在关系数据模型中，域是指(   )。
    A. 字段   B. 记录   C. 属性   D. 属性的取值范围
16. 下列关于数据库的叙述中，正确的是(   )。
    A. 数据库避免了数据的冗余
    B. 数据库中的数据独立性强
    C. 数据库中的数据一致性是指数据类型一致
    D. 数据库系统比文件系统能够管理更多数据

第 2 章
数据库和表的基本操作

通过第 1 章的学习，我们已经了解了数据库的基础知识，知道了 Access 是目前使用非常广泛的关系数据库之一，它具有易学易用、开发简单、接口灵活、集界面设计和后台数据处理为一体等特点。本章首先介绍 Access 数据库的创建方法，然后详细介绍 Access 数据库的第一个对象：表的创建和操作。

2.1 创建数据库

在创建数据库之前，最好先建立一个自己的文件夹，把所有的东西都放在此文件夹中，以便于后期管理。Access 提供了完全图形化的用户界面和丰富的向导，因此创建数据库非常容易。一般有两种方法：第 1 种是先创建一个空数据库，然后再向其中添加表、查询、窗体、报表等对象；第 2 种是使用"数据库模板"，利用系统提供的模板来创建表、窗体和报表，也可以使用样本模板，还可以使用网上资源，从 Office.com 网站上搜索所需的模板。

2.1.1 创建空白数据库

启动 Access 2016 后，就可以创建数据库了，下面以本书要用的数据库"学生成绩管理系统"为例来介绍数据库的创建方法。

【例 2-1】创建"学生成绩管理系统"数据库，将其保存到 E 盘 Access 文件夹中。

具体步骤如下：

(1) 启动 Access 2016，选择"文件"菜单下的"新建"→"空白数据库"命令，打开"空白桌面数据库"对话框，如图 2-1 所示。

(2) 单击窗口中"文件名"文本框右侧的 按钮，打开"文件新建数据库"对话框，指定数据库文件的存储位置，并在"文件名"文本框中输入"学生成绩管理系统"，如图 2-2 所示，单击"确定"按钮。

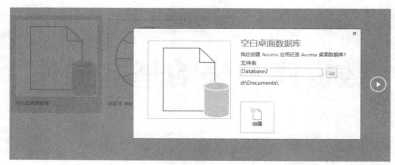

图 2-1 "空白桌面数据库"对话框

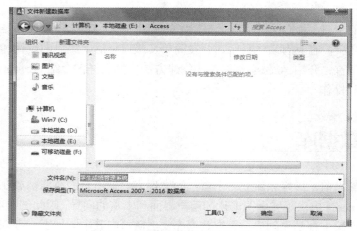

图 2-2 "文件新建数据库"对话框

(3) 单击图 2-1 中的"创建"按钮,就成功创建了一个空数据库文件,Access 会自动打开创建好的数据库窗口,并添加一个新表"表 1",如图 2-3 所示。接下来就可以向该数据库中添加表、查询、窗体、报表等数据库对象了。

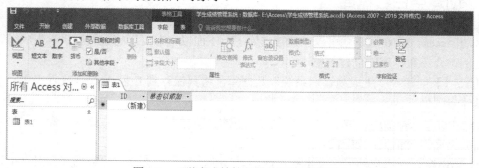

图 2-3 "学生成绩管理系统"数据库窗口

2.1.2 使用模板创建数据库

Access 中还提供了一些基本的数据库模板,利用这些模板可以方便、快速地创建数据库。如果所选的模板不完全满足要求,可以在创建好的数据库上进行修改。Access 提供了丰富的模板功能,可以联网搜索模板,也可以脱机使用模板。下面介绍在脱机状态下使用模板的方法。

【例 2-2】使用数据库模板创建"学生"数据库。

具体步骤如下:

(1) 与创建空数据库一样,启动 Access 2016,在主界面上如果无法联机获取特色模板,则选择"脱机工作"命令,这时会看到所有可用的样本模板,如图 2-4 所示。

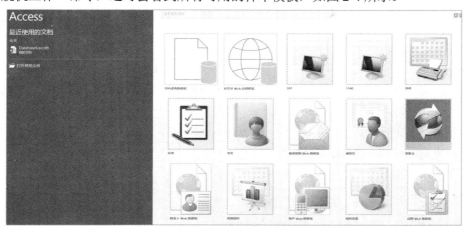

图 2-4 "样本模板"窗口

(2) 从中选择与我们需要创建的数据库相似的模板,我们选择"学生"模板,设置好保存路径,单击"创建"按钮即可打开创建好的"学生"模板数据库了,如图 2-5 所示。

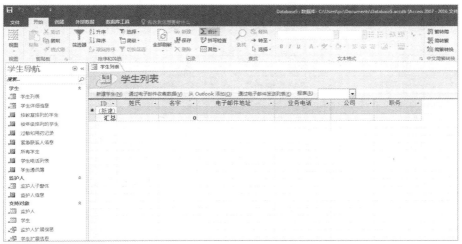

图 2-5 "学生"模板数据库

2.2 表的基本概念

表是整个数据库的基本单位,同时它也是所有查询、窗体和报表的基础,那么什么是表呢?

简单来说,表就是特定主题的数据集合,它将具有相同性质或相关联的数据存储在一起,以行和列的形式来记录数据。Access 的数据表对象由两部分构成:表对象的结构和表对象的数据。

作为数据库中其他对象的数据源，表结构设计的好坏直接影响数据库的性能，也直接影响整个系统设计的复杂程度。因此设计一个结构、关系良好的数据表在系统开发中是相当重要的。

2.2.1 表的结构

数据表对象的结构是指数据表的框架，也称为数据表对象的属性，主要包括字段名称和数据类型。

1. 字段名称

数据表中的一列称为一个字段，而每一个字段均具有唯一的名字，被称为字段名称。字段名称的命名规则如下：

(1) 长度最多可达 64 个字符。
(2) 可以包括字母、数据、空格。
(3) 不能使用前导空格、控制字符、句点、叹号、方括号、重音符号。

2. 数据类型

数据表中的同一列数据必须具有共同的数据特征，称为字段的数据类型。Access 提供了丰富的数据类型支持，如表 2-1 所示。

表 2-1 字段的数据类型

数据类型	用　　途
短文本	可用来存储文字数据，如字母、数字、字符、汉字等。最长为 255 个字符，默认为 50 个字符
长文本	用来存放长文本，如简历、说明等，最大可达 64 000 个字符
数字	用来存储一些需要计算的数值数据，包括字节、整型、长整型、单精度型、双精度型、小数 6 种。具体字节数见表 2-5
日期/时间	用来存储日期和时间数据。占 8 字节
货币	用来存储货币数字，如定金、单价汇款等货币金额，占 8 字节
自动编号	在添加记录时自动插入的唯一序号(每次递增 1)或随机编号，占 4 字节
是/否	此数据类型只代表两种值："是"或"否"，是/否、真/假、开/关、-1/0，占 1 位
OLE 对象	存放各类型的数据文件(对象)。如图片、声音、动画等数据，或 Excel 电子表格、Word 文件等，最大可为 1GB
超链接	保存超链接的字段，超链接可以是某个 UNC 路径或 URL。最长为 64 000 个字符
计算	存放根据同一表中的其他字段计算而来的结果值，占 8 字节。计算不能引用其他表中的字段。可以使用表达式生成器创建计算
附件	将图像、电子表格、Word 文档、图表等文件附加到记录中，类似于在邮件中添加附件
查阅向导	可以在此字段中选择输入的数据，占 4 位

2.2.2　表的视图

在 Access 数据库中，表具有两种视图，分别是设计视图和数据表视图。

1. 设计视图

表的设计视图用于建立和修改表结构以及对字段属性的设置，并为表指定主键，这是最常用的一种视图，如图 2-6 所示。

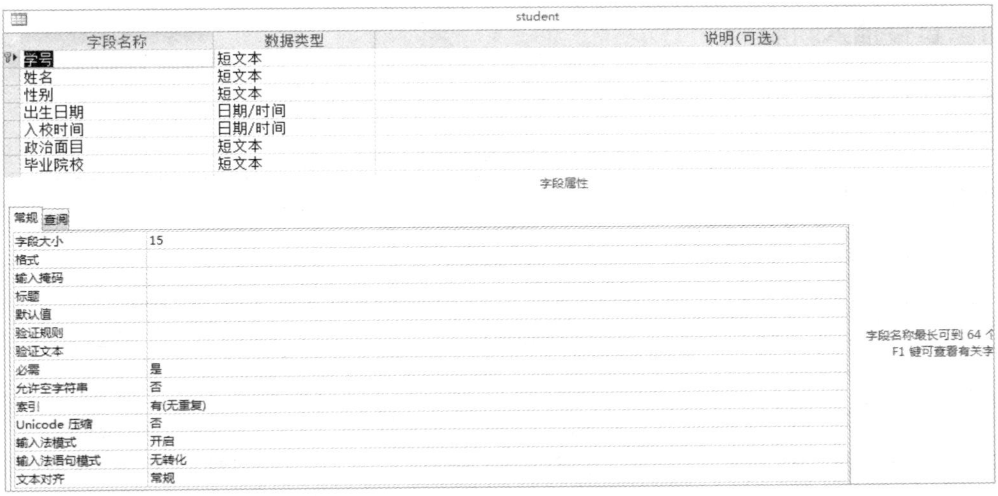

图 2-6　设计视图

2. 数据表视图

数据表视图主要用于向表中输入数据或查看表中的数据，也可以使用数据表视图建立表结构，并在数据表视图中对表中的数据进行排序和筛选等操作，如图 2-7 所示。

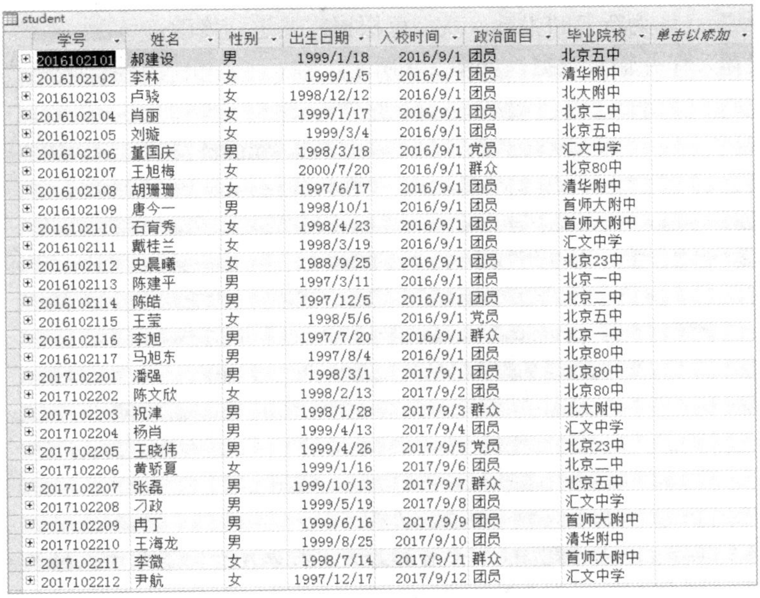
student

学号	姓名	性别	出生日期	入校时间	政治面目	毕业院校	单击以添加
2016102101	郝建设	男	1999/1/18	2016/9/1	团员	北京五中	
2016102102	李林	女	1999/1/5	2016/9/1	团员	清华附中	
2016102103	卢骁	女	1998/12/12	2016/9/1	团员	北大附中	
2016102104	肖丽	女	1999/1/17	2016/9/1	团员	北京二中	
2016102105	刘璇	女	1999/3/4	2016/9/1	团员	北京五中	
2016102106	董国庆	男	1998/3/18	2016/9/1	党员	汇文中学	
2016102107	王旭梅	女	2000/7/20	2016/9/1	群众	北京80中	
2016102108	胡珊珊	女	1997/6/17	2016/9/1	团员	清华附中	
2016102109	唐今一	男	1998/10/1	2016/9/1	团员	首师大附中	
2016102110	石育秀	女	1998/4/23	2016/9/1	团员	首师大附中	
2016102111	戴桂兰	女	1998/3/19	2016/9/1	团员	汇文中学	
2016102112	史晨曦	女	1988/9/25	2016/9/1	团员	北京23中	
2016102113	陈建平	男	1997/3/11	2016/9/1	团员	北京一中	
2016102114	陈皓	男	1997/12/5	2016/9/1	团员	北京二中	
2016102115	王莹	女	1998/5/6	2016/9/1	党员	北京五中	
2016102116	李旭	男	1997/7/20	2016/9/1	群众	北京一中	
2016102117	马旭东	男	1997/8/4	2016/9/1	团员	北京80中	
2017102201	潘强	男	1998/3/1	2017/9/1	团员	北京80中	
2017102202	陈文欣	女	1998/2/13	2017/9/2	团员	北京80中	
2017102203	祝津	男	1998/1/28	2017/9/3	群众	北大附中	
2017102204	杨肖	男	1999/4/13	2017/9/4	团员	汇文中学	
2017102205	王晓伟	男	1999/4/26	2017/9/5	党员	北京23中	
2017102206	黄骄夏	女	1999/1/16	2017/9/6	团员	北京二中	
2017102207	张磊	男	1999/10/13	2017/9/7	群众	北京五中	
2017102208	刁政	男	1999/5/19	2017/9/8	团员	汇文中学	
2017102209	冉丁	男	1999/6/16	2017/9/9	团员	首师大附中	
2017102210	王海龙	男	1999/8/25	2017/9/10	团员	清华附中	
2017102211	李微	女	1998/7/14	2017/9/11	群众	首师大附中	
2017102212	尹航	女	1997/12/17	2017/9/12	团员	汇文中学	

图 2-7　数据表视图

2.3 表的创建

Access 数据库建好以后，我们就可以向其中添加表了，Access 提供了 3 种创建表的方法：直接插入一个新表、使用设计视图创建表和从其他数据源导入或链接表。下面我们以"学生成绩管理系统"数据库为例分别进行介绍。

2.3.1 直接插入新表

【例 2-3】通过输入数据创建"score"表，其结构如表 2-2 所示。

表 2-2 成绩表(score)结构

字段名	类型	字段大小	说明
学号	文本	15 字节	复合主键(学号+课程编号)
课程编号	文本	8 字节	
成绩	数字	单精度	

具体步骤如下：

(1) 打开"学生成绩管理系统"数据库，在"创建"选项卡的"表格"组(也称为命令组)中单击"表"按钮(也称为命令按钮)，这时创建了新表"表1"，并在数据表视图中打开它，如图 2-8 所示。

(2) 首先修改字段名称，第一种方法：用鼠标单击表窗口中的"单击以添加"旁边的三角箭头，在弹出的下拉列表中选择数据类型，输入字段名称，依次修改需要修改名称的字段；第二种方法：单击"属性"组中的"名称和标题"按钮可修改字段名称，在"格式"组中的"数据类型"组合框中可修改字段的数据类型。我们看到的"ID"字段是系统自动添加的，数据类型为"自动编号"，作为新表的主键，我们可根据需要进行修改。

(3) 最后保存表作并输入数据，如图 2-9 所示。

图 2-8 新表窗口

图 2-9 创建好的"score"表

注意：

如果表中的数据是 OLE 对象，则不能直接输入，需要在右键菜单中选择"插入对象"命令，并在弹出的对话框中新建相应的对象类型。

图片本身在数据表中并不显示,若要浏览查看,则在打开数据表后,双击该记录的"照片"字段,系统将运行相应的应用程序并打开照片。

2.3.2 使用设计视图创建表

使用表的设计视图来创建表主要是设置表的各种字段的属性。它创建的仅仅是表的结构,各种数据记录还需要在数据表视图中输入。通常都是使用设计视图来创建表,我们可以创建出最符合要求、最节约空间的表结构。

【例2-4】使用设计视图创建"student"表,其结构如表2-3所示。

表2-3 学生信息表(student)结构

字段名	类型	字段大小	说明
学号	文本	15字节	主键
姓名	文本	20字节	
性别	文本	2字节	
出生日期	日期/时间	无	
入校时间	日期/时间	无	
政治面貌	文本	6字节	
毕业院校	文本	20字节	

具体步骤如下:

(1) 打开"学生成绩管理系统"数据库,单击"创建"选项卡中"表格"组中的"表设计"按钮,进入表的设计视图,如图2-10所示。

图2-10 表的设计视图

(2) 输入字段并设置数据类型,如图2-11所示。我们看到表设计器分为上、下两部分。上半部分是字段输入区,从左到右分别为字段名称、数据类型和说明。"字段名称"用于说明字段的名称;"数据类型"用于说明该字段的数据类型;"说明"用于说明字段的含义。下半部分是字段属性区,用于设置当前字段的属性值。

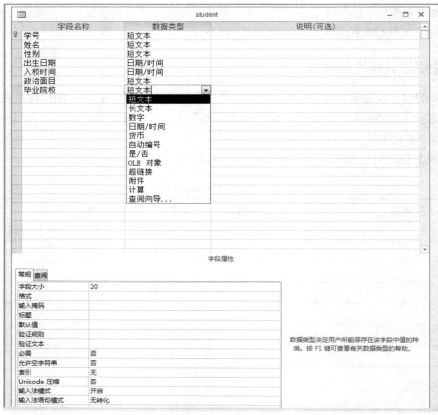

图 2-11　在设计视图中添加字段

(3) 设置主键，定义完全部字段后，单击"学号"字段行，然后单击功能区中的"主键"按钮，给表定义一个主关键字。设置主键有利于搜索数据和建立关系，因此我们应该尽可能为每个表建立一个合适的主键。设置主键时要求该字段值是非空且唯一的。

(4) 保存此表并在数据表视图下输入数据。

2.3.3　通过导入创建表

Access 作为典型的开放式数据库系统，支持与其他类型的外部数据进行交互和共享。当用户在 Access 中进行数据的交互和共享操作时，可以使用导入表、链接表、导出表等方式进行操作。

1. 导入表

所谓导入，就是将符合 Access 输入/输出协议的任一类型的表导入 Access 数据库的表中，并与外部数据断绝联系，也就是说导入操作完成后，即使外部数据源的数据发生变化，也不会影响已经导入的数据。可以导入的表类型包括 Access 数据库中的表、Excel 表格、文本文件、其他一些数据库应用程序所创建的表以及 HTML 文档等。

导入数据的操作是在导入向导的指引下逐步完成的，从不同数据源导入数据，Access 将启动与之对应的导入向导。

【例 2-5】将 Excel 文件"课程表.xlsx"中的数据导入"学生成绩管理系统"数据库的"course"表中。

具体步骤如下：

(1) 打开"学生成绩管理系统"数据库，在"外部数据"选项卡中单击"导入并链接"组中的 Excel 按钮，如图 2-12 所示，打开"获取外部数据-Excel 电子表格"对话框，如图 2-13 所示。

图 2-12 "外部数据"选项卡

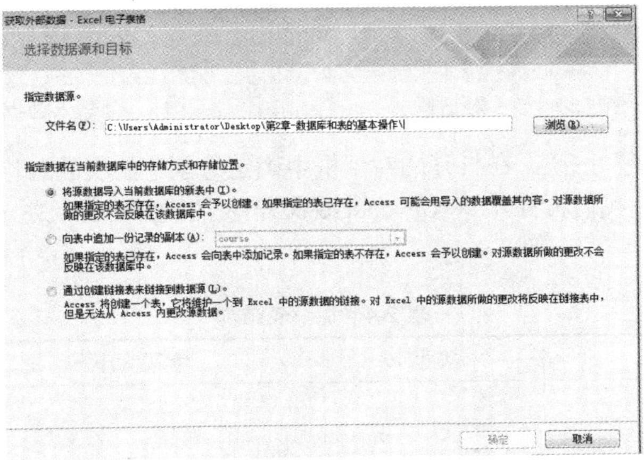

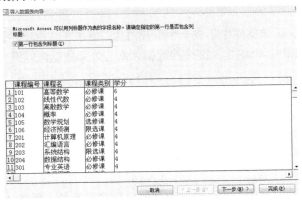

图 2-13 "获取外部数据-Excel 电子表格"对话框

(2) 单击"文件名"文本框右侧的"浏览"按钮，在弹出的对话框中选择 Excel 文件，然后在图 2-13 中指定数据在当前数据库中的存储方式和存储位置，这里我们选择第一项，单击"确定"按钮打开"导入数据表向导"对话框，选中"第一行包含列标题"复选框，如图 2-14 所示。

图 2-14 "导入数据表向导"对话框 1

(3) 单击"下一步"按钮打开下一个对话框后，我们对每一个字段设置类型和索引，如

图 2-15 所示，然后单击"下一步"按钮打开下一个对话框设置主键，如图 2-16 所示，如果选择"让 Access 添加主键"，这时系统会自动给表添加一个"ID"字段，字段类型为"自动编号"；如果选择"我自己选择主键"，我们则选择表中字段值唯一的字段作为主键；如果选择"不要主键"，可以在导入完成后在表设计视图中加主键。

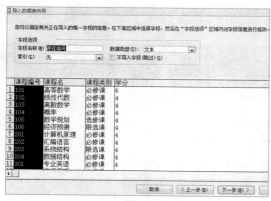

图 2-15 "导入数据表向导"对话框 2

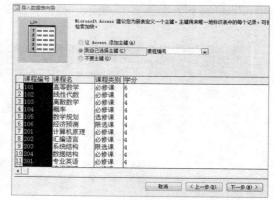

图 2-16 "导入数据表向导"对话框 3

(4) 单击"下一步"按钮，在打开的对话框中确定好创建的表的名称后，单击"完成"按钮即可完成导入操作。我们再打开导入的 course(课程)表的设计视图，进一步修改字段类型及宽度，如表 2-4 所示。

表 2-4 课程表结构

字段名	类型	字段大小	说明
课程编号	文本	8 字节	主键
课程名	文本	20 字节	
课程类别	文本	10 字节	
学分	数字	整型	

我们通过 3 种不同的方式把"学生成绩管理系统"数据库中的 3 张表创建好了。

2. 链接表

链接表是指在 Access 数据库中形成一个链接对象，每次在数据库中操作数据时，都是及时从外部数据源获取数据的。也就是说链接的数据并未与外部数据源断开，而是随着外部数据源数据的变化而变化。

链接表的操作与导入表的操作几乎是一样的，都是在导入向导下进行的，只有一点区别就是：在导入步骤的图 2-13 所示的对话框中，指定数据在当前数据库中的存储方式和存储位置时，我们选择第三项"通过创建链接表来链接到数据源"。需要注意的是，链接表仅仅是一个链接对象，本身并没有数据，因此在 Access 数据库中通过链接对象对数据所做的任何修改，实质上都是在修改外部数据源中的数据；同时在外部数据源中对数据所做的任何改动也会通过该链接表直接反映到 Access 数据库中。一旦外部数据源被删除或改名，则在 Access 中打开链接表时会出现错误提示。

3. 导出表

导出是导入的逆过程，是指将 Access 中的数据表转换成其他应用程序的表的过程。方法也很简单，只需要在 Access 数据库窗口中选定要导出的表，选择"外部数据"选项卡中"导出"组中的文件类型，这里单击 Excel 按钮，弹出如图 2-17 所示的"导出-Excel 电子表格"对话框，选择要保存导出的表的位置以及文件格式，单击"确定"按钮即可。

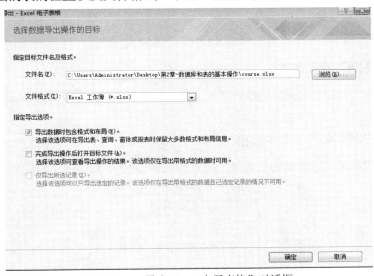

图 2-17 "导出-Excel 电子表格"对话框

2.3.4 输入数据

建立表结构之后，就可以向表中输入数据记录了。在 Access 中，可以利用"数据表视图"窗口向表中输入数据，也可以通过"导入"操作，将其他数据库中的表复制到本数据库中。

在"数据表视图"窗口中向表中输入数据的具体操作步骤如下：

(1) 在数据库窗口中单击"表对象"，右击要输入数据的表名，在弹出的快捷菜单中选择"打开"命令，打开"数据表视图"窗口；或者双击要输入数据的表名，打开"数据表视图"窗口。

(2) 在"数据表视图"窗口中输入表数据。

(3) 输入完毕后，单击"保存"按钮保存数据。

(4) 关闭"数据表视图"窗口，结束输入操作。

我们要注意以下几种数据的输入。

1. 输入较长字段的数据

对于较长的文本字段的输入可以展开字段以便于对其进行编辑。展开字段的方法是：打开数据表，单击要输入的字段，按下 Shift+F2 组合键，弹出"缩放"对话框，如图 2-18 所示。在对话框中输入数据，单击"确定"按钮把输入的数据保存到字段中。单击"字体"按钮，打开"字体"对话框，可以设置"缩放"对话框中文字的显示效果。

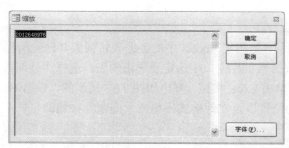

图 2-18 "缩放"对话框

2. 输入"是/否"类型的数据

在数据表中,"是/否"类型的数据字段上显示一个复选框。选中复选框表示输入"是",不选中表示输入"否"。

3. 输入"日期/时间"类型的数据

在输入"日期/时间"类型的数据时,可以参照图 2-19 中列出的"日期/时间"格式。

常规日期	2007-6-19 17:34:23
长日期	2007年6月19日
中日期	07-06-19
短日期	2007-6-19
长时间	17:34:23
中时间	下午 5:34
短时间	17:34

图 2-19 日期格式

输入完成后,Access 会按照字段属性中定义的格式显示"日期/时间"类型的数据。如果日期后面带有时间,则日期和时间之间要用空格分隔,例如,"07-06-19 17:34",格式如图 2-19 所示。

4. 输入 OLE 对象类型的数据

OLE 对象字段用来存储图片、声音、Microsoft Word 文档和 Microsoft Excel 工作表等数据,以及其他类型的二进制数据。

输入 OLE 对象类型数据的步骤如下:

(1) 在"数据表视图"窗口中打开表,右击要输入的 OLE 字段,在弹出的快捷菜单中选择"插入对象"命令,弹出插入对象对话框,如图 2-20 所示。

图 2-20 插入对象对话框 1

(2) 在插入对象对话框中,如果没有可以选定的对象,选择"新建"单选按钮,然后在"对象类型"列表框中单击要创建的对象类型,单击"确定"按钮,可以打开相应的应用程序创建一个新对象并插入字段中。

如果选择"由文件创建"单选按钮，则可以单击"浏览"按钮，选择一个已存储的文件对象，单击"确定"按钮，如图 2-21 所示，即可将选中的对象插入字段中。

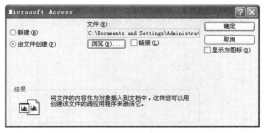

图 2-21　插入对象对话框 2

5．输入"超链接"类型的数据

超链接的目标可以是文档、文件、Web 页、电子邮件地址或者当前数据库的某一对象。当将鼠标指针放在超链接上时，单击超链接可以打开超链接的目标对象。

输入超链接类型数据的步骤如下：

(1) 在"数据表视图"窗口中打开表，右击要输入的超链接字段，在弹出的快捷菜单中选择"超链接"子菜单中的"编辑超链接"命令，弹出"插入超链接"对话框，如图 2-22 所示。

图 2-22　"插入超链接"对话框

(2) 在"插入超链接"对话框的"查找范围"列表框中选择超链接对象所在的文件夹，在对象列表中选择超链接对象，单击"确定"按钮，超链接即可保存到字段中。

2.4　设置字段属性

在创建表结构时，除了输入字段名称、指定字段的类型外，还需要设置字段的属性。在创建表结构后，也可以根据需要修改字段的属性，这个操作在"设计视图"的属性区中进行。字段属性可分为常规属性和查阅属性两类。

2.4.1　设置常规属性

字段的常规属性包括字段大小、格式、输入掩码和索引等，字段类型不同，显示的字段属性也不同，我们列举了常见的两种类型的属性窗格，如图 2-23 和图 2-24 所示。

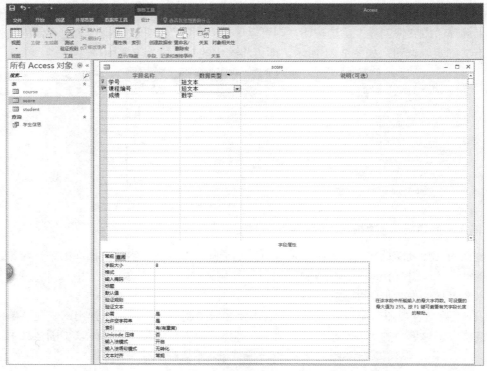

图 2-23 "文本类型"的属性窗格

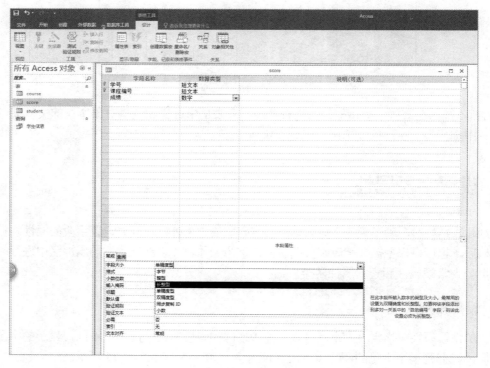

图 2-24 "数字类型"的属性窗格

1. 字段大小

字段大小即字段的宽度，该属性用来设置存储在字段中文本的最大长度或数字取值范围。

对于文本字段，"字段大小"属性默认值为 50，但可以输入 255 以内的数字。

对于数字字段，"字段大小"属性默认值为"长整型"，单击"字段大小"属性框，再单击 ▼ 按钮会出现图 2-26 所示的下拉列表，选择不同的数字类型，其取值范围也不同。关于不同数字类型字段大小的取值范围如表 2-5 所示。

表 2-5 数字类型字段大小的取值范围

数字类型	值的范围	小数位数	存储量大小
字节	保存 0～225 的整数	无	1 字节
小数	保存 -10^{28} ～ 10^{28} 的数字	28	12 字节
整型	保存 -32768～32767 的整数	无	2 字节
长整型	保存 -2147483648～2147483647 的整数	无	4 字节
单精度型	保存 -3.40×10^{38}～3.4×10^{38} 的数字	7	4 字节
双精度型	保存 -1.79734×10^{308}～1.79734×10^{308} 的数字	15	8 字节

设置"字段大小"属性时，应注意以下两点：一是在满足需要的前提下，字段越小越好，因为较小的数据的处理速度更快，需要的内存更小；二是在一个数字类型的字段中，如果将字段大小属性由大变小，可能会出现数据丢失。

2. 格式

"格式"属性用于设置自动编号、数字、货币、日期/时间和是/否等字段输出数据的样式，如果在输入数据时没有按规定的样式输入，在保存时系统会自动按要求转换。格式设置对输入数据本身没有影响，只是改变数据输出的样式。若要让数据按输入时的格式显示，则不要设置"格式"属性。

我们分别以表的形式给大家列出不同类型的预定义格式。

1) 日期/时间类型

日期/时间类型的预定义格式如表 2-6 所示。

表 2-6 日期/时间类型的预定义格式

设置	说明
常规日期	默认值，如果数值只是一个日期，则不显示时间；如果数值只是一个时间，则不显示日期。该设置是"短日期"与"长日期"设置的组合 示例：19/6/19 17:34:23，19/8/2 05:34:00
长日期	与 Windows "控制面板"中"区域设置属性"对话框中的"长日期"设置相同 示例：2019 年 6 月 19 日
中日期	示例：19-06-19
短日期	与 Windows "控制面板"中"区域设置属性"对话框中的"短日期"设置相同 示例：19-8-7

(续表)

设置	说明
长时间	与Windows"控制面板"中"区域设置属性"对话框中的"时间"选项卡的设置相同 示例：17:34:23
中时间	示例：15:34:00
短时间	示例：17:34

2) "是/否"类型

"是/否"类型提供了 Yes/No、True/False 和 On/Off 预定义格式。Yes、True 和 On 是等效的，No、False 和 Off 也是等效的。如果指定某个预定义的格式并输入一个等效值，则将显示等效值的预定义格式。例如，如果在一个是/否属性被设置为 Yes/No 的文本框控件中输入 True 或 On，数值将自动转换为 Yes。

3) 文本/备注类型

文本/备注类型的预定义格式如表 2-7 所示。

表 2-7　文本/备注类型的预定义格式

符号	说明
@	要求必须是文本字符(字符或空格)
&	不要求必须是文本字符
<	使所有字符变为小写
>	使所有字符变为大写

4) 数字/货币类型

数字/货币类型的预定义格式如表 2-8 所示。

表 2-8　数字/货币类型的预定义格式

设置	说明
常规数字	默认值，以输入方式显示数字
货币	使用千位分隔符。对于负数、小数以及货币符号，小数点的位置遵循 Windows "控制面板"中的设置
固定	至少显示一位数字。对于负数、小数以及货币符号，小数点的位置遵循 Windows "控制面板"中的设置
标准	使用千位分隔符。对于负数、小数，小数点的位置遵循 Windows "控制面板"中的设置
百分比	乘以 100 再加上百分号(%)。对于负数、小数以及货币符号，小数点的位置遵循 Windows "控制面板"中的设置
科学记数法	使用标准的科学记数法
欧元	使用欧元符号€

3. 输入法模式

"输入法模式"属性仅针对文本数据类型的字段有效,有三个设置值:"随意""输入法开启"与"输入法关闭",分别表示保持原汉字输入法状态、启动汉字输入法和关闭汉字输入法。"输入法模式"属性的默认值为"输入法开启"。

4. 输入掩码

输入掩码用来设置字段中的数据输入格式,可以使数据的输入更容易,并且可以控制用户在文本框类型的控件中的输入值,并拒绝错误输入。输入掩码主要用于文本型和时间/日期型字段,也可以用于数字型和货币型字段。Access 只为文本型和日期/时间型字段提供输入掩码向导,其他数据类型只能使用字符直接定义"输入掩码"属性,"输入掩码"属性所用字符及说明如表 2-9 所示。

表 2-9 "输入掩码"属性所用字符及说明

字符	说明
0	数字(0~9,必选项,不允许使用加号(+)和减号(-))
9	数字或空格(非必选项,不允许使用加号和减号)
#	数字或空格(非必选项,空白将转换为空格,允许使用加号和减号)
L	字母(A~Z,必选项)
?	字母(A~Z,可选项)
A	字母或数字(必选项)
a	字母或数字(可选项)
&	任一字符或空格(必选项)
C	任一字符或空格(可选项)
.,:;-/	小数点占位符及千位、日期与时间的分隔符(实际使用的字符将根据 Windows "控制面板"的"区域设置属性"对话框中的设置而定)
<	使其后所有的字符转换为小写
>	使其后所有的字符转换为大写
!	使输入掩码从右到左显示,输入掩码的字符一般都是从左向右的。可以在输入掩码的任意位置包含叹号
\	使其后的字符显示为原义字符。可用于将该表中的任何字符显示为原义字符(例如,\A 显示为 A)
密码	将"输入掩码"属性设置为"密码",可以创建密码输入项文本框。文本框中输入的任何字符都按原字符保存,但显示为星号(*)

前面讲过"格式"的定义,"格式"用来限制数据输出的样式,如果同时定义了字段的显示格式和输入掩码,则在添加或编辑数据时,Microsoft Access 2016 将使用输入掩码,而"格式"设置则在保存记录时决定数据如何显示。同时使用"格式"和"输入掩码"属性时,要注意它们的结果不能互相冲突。

【例 2-6】为"student"表中的"学号"设置输入掩码,要求"学号"必须是 10 位数字,如"2016102101"。

具体操作步骤如下:

(1) 打开"学生成绩管理系统"数据库,打开"student"表的设计视图。

(2) 选择"学号"字段,单击字段属性区中"输入掩码"右侧的 按钮,打开"输入掩码向导"对话框,如图 2-25 所示。

(3) "输入掩码向导"对话框提供了一些常用的输入掩码格式,我们可以根据需要在列表框中进行选择。如果没有现成的输入掩码可套用,那么可以单击"编辑列表"按钮,弹出"自定义'输入掩码向导'"对话框,如图 2-26 所示。

图 2-25 "输入掩码向导"对话框

图 2-26 "自定义'输入掩码向导'"对话框

(4) 设置"学号"的输入掩码属性,参照表 2-9 所示的各种字符的应用,设置如图 2-27 所示,设置完成后单击"关闭"按钮返回,再单击"完成"按钮完成"输入掩码"属性的设置。

图 2-27 设置"学号"输入掩码格式

5. 标题

在"常规"窗口下的"标题"属性框中输入名称,将取代原来字段名称在表、窗体和报表中的显示。即在显示表中的数据时,表列的栏目名将是"标题"属性值,而不是"字段名称"值。

6. 默认值

当为某个字段设置了"默认值",添加新记录时,"默认值"自动填到字段中。这样可以减少输入的工作量,在不需要它时,可以进行修改。例如,"性别"字段默认值设置为"男"时,"男"字就不需要输入了,需要输入"女"时,把"男"改为"女"即可。

例如,我们为"student"表中的"性别"字段设置默认值"男"。

首先进入表设计器选择需要设置的性别字段,在"默认值"框中输入"男",(注意:输入文本不用加引号,要加引号也必须是英文标点符号),关闭表设计器,保存更改结果即可。默认值也可以用"向导"帮助完成。

7. 验证规则和验证文本

"验证规则"属性用于指定对输入到本字段中数据的要求。即通过在"验证规则"属性中输入检查表达式,来检查输入数据是否符合要求,当输入的数据违反了"验证规则"的设置时,将显示"验证文本"设置的提示信息。

字段验证规则的设置是通过条件表达式来实现的。Access 数据库的条件表达式是常量、变量(包括字段变量、控件和属性等)和函数通过运算符连接起来的有意义的式子,它至少包括一个运算符和一个操作数。

(1) 常量。常量指预先定义好的、固定不变的数据,包括字符常量、数字常量、时间常量、逻辑常量和空值常量,如表 2-10 所示。

表 2-10 常量的表示方法

类型	表示方法	示例
字符常量	直接输入文本或用英文的单/双引号为定界符	ACC、"信息"、'2010'
数字常量	直接输入数据,有整数、小数、指数几种形式	1234、-2、5、1、4e4
时间常量	直接输入或两端用"#"为定界符	#2019-4-5#
逻辑常量	使用专用字符表示,只有两个可选项	Yes、No(或 True、False)
空值常量	适用于各种数据类型	Null

(2) 变量。变量用于存储可以改变的数据。变量名的命名规则是:以字母开头的不超过 255 个字符的字符串,用字母、数字、汉字和下画线均可,但是不能用标点符号、空格和类型声明字符。变量类型有字符串、数字、日期/时间、货币等,Access 中的变量有内存变量、字段变量、属性和控件等。

在条件表达式中使用字段变量时必须用方括号[ ]括起来,如[学号]等,如果是不同表中的同名字段变量,就必须将表名写在字段名之前,如[student]![学号]表示 student 表中的学号字段。

(3) 函数。函数指预定义的功能模块。Access 提供了大量的标准函数,如数值函数、字符函数、日期/时间函数和转换函数等。利用这些函数可以更好地构造查询条件,也为用户更准确地进行统计计算、实现数据处理提供了有效的方法。下面我们列出了常用的几种类型函数,如表 2-11~表 2-15 所示。

表 2-11 常用的数值函数

函数名	功能说明	举例	结果
Abs(x)	返回 x 的绝对值	Abs(-10)	10
Sin(x)	返回 x 的正弦值,x 为弧度	Sin(0)	0
Cos(x)	返回 x 的余弦值,x 为弧度	Cos(0)	1
Tan(x)	返回 x 的正切值,x 为弧度	Tan(0)	0
Atn(x)	返回 x 的反正切值,x 为弧度	Atn(0)	0
Exp(x)	返回以 e 为底的指数(e^x)	Exp(1)	2.7128182845905

(续表)

函数名	功能说明	举例	结果
Log(x)	返回 x 的自然对数(ln x)	Log(1)	0
Int(x)	返回不大于 x 的最大整数	Int(3.6) Int(-3.6)	3 -4
Fix(x)	返回 x 的整数部分	Fix(3.6) Fix(-3.6)	3 -3
Rnd([x])	产生一个(0,1)区间的随机数	Rnd(1)	如 0.79048
Sgn(x)	返回 x 的符号(1、0、-1)	Sgn(2) Sgn(0) Sgn(-2)	1 0 -1
Sqr(x)	返回 x 的平方根	Sqr(25)	5

表 2-12 常用的字符函数

函数名	功能说明	举例	结果
Instr(S1,S2)	在子串 S1 中查找 S2 的位置	Instr("ABCD","CD")	3
Lcase(S)	将字符串 S 中的字母转换为小写	Lcase("ABCD")	"abcd"
Ucase(S)	将字符串 S 中的字母转换为大写	Ucase(cvf)	"CVF"
Left(S,n)	从字符串 S 左侧取出 n 个字符	Left("数据库应用",3)	"数据库"
Right(S,n)	从字符串 S 右侧取出 n 个字符	Right("数据库应用",3)	"应用"
Mid(S,m,n)	从字符串 S 的第 m 个字符起,连续取出 n 个字符	Mid(ACBDFRTE, 3, 4)	"BDFR"
Len(S)	计算字符串 S 的长度	Len(VBA 语言)	5
Ltrim(S)	删除字符串 S 最左边的空格	Ltrim("　AB　CD　")	"AB　CD　"
Trim(S)	删除字符串 S 两端的空格	Trim("　AB　CD　")	"AB　CD"
Rtrim(S)	删除字符串 S 最右边的空格	Rtrim("　AB　CD")	"　AB　CD"
Space(n)	生成由 n 个空格构成的字符串	Space(3)	"　　　"

表 2-13 常用的日期/时间函数

函数名	功能说明	举例	结果
Date()	返回系统的当前日期	Date()	当前日期
Now()	返回系统的当前日期和时间	Now()	当前日期和时间
Time()	返回系统的当前时间	Time()	当前时间
Year(D)	返回 D 中的年份	Year(DT)	2020
Month(D)	返回 D 中的月份	Month(DT)	12
Day(D)	返回 D 中的日	Day(DT)	7

(续表)

函数名	功能说明	举例	结果
Hour(D)	返回 D 中的小时	Hour(DT)	16
Minute(D)	返回 D 中的分钟	Minute(DT)	46
Second(D)	返回 D 中的秒	Second(DT)	37
Weekday(D)	返回 D 是一个星期中的第几天，默认星期日为 1	Weekday(DT)	2

说明：表 2-13 中举例部分的 DT 变量为具体的日期时间值。

表 2-14 常用的转换函数

函数名	功能说明	举例	结果
Asc(S)	返回字符串 S 中首字符的 ASCII 码值	Asc("ABCD")	65
Chr(N)	返回数值 N 对应的 ASCII 码字符	Chr(67)	C
Val(S)	将字符串 S 转换为数值	Val("10.1")	10.1
Str(N)	将数值 N 转换成字符串	Str(100)	" 100"
Cstr(N)	将数值 N 转换成字符串，不包含前导空格	Cstr(100)	"100"

表 2-15 常用的测试函数

函数名	功能说明	举例	结果
IsArray(A)	测试 A 是否为数组	Dim A(10) IsArray(A)	True
IsDate(A)	测试 A 是否为日期型数据	IsDate(Date)	True
IsNumeric(A)	测试 A 是否为数值型数据	Dim dd as Date IsNumeric(dd)	False
IsNull(A)	测试 A 是否为空值	IsNull(Null) IsNull(ab)	True False
IsEmpty(A)	测试 A 是否已经被初始化	Dim nc IsEmpty(nc)	True

(4) 运算符。运算符有很多种，其中最常见的有算术运算符、关系运算符、逻辑运算符、字符连接运算符以及一些特殊的运算符等。在表达式中可以使用各种运算符，这些运算符相互之间有一定的优先次序，使用的时候要特别注意，关于运算符的详细介绍请参见第 7 章中的表达式部分。我们在这里只列出几种常见的运算符，如表 2-16 所示。

表 2-16　几种运算符的说明

分类	运算符	说明
算术运算符	^	乘方
	*和/	乘和除
	\和 mod	整除和取余
	+和-	加和减（"-"也作负号）
比较运算符	=、>、<、>=、<=、<>	比较运算，比较结果为逻辑值
逻辑运算符	Not	逻辑非
	And	逻辑与
	Or	逻辑或
	Xor	逻辑异或
	Eqv	逻辑同
	Imp	逻辑蕴含
连接运算符	&	连接运算符，可以将两个文本型数据连接起来
	+	当两个操作数均为文本型时，与"&"作用相同，当操作数为数字型时，为加法运算
特殊运算符	Between…and…	决定一个数值是否在一个指定值的范围内
	Like	查找相匹配的文字，用通配符来设定文字的匹配条件
	In	决定一个字符串是不是一列值表的成员
	Is	与 Null 一起使用，以决定一个值是不是 Null 或 Not Null
	Not	指定不匹配的值

很多运算中我们通常要使用通配符，几种常用的通配符如表 2-17 所示。

表 2-17　通配符的用法

字符	作用	示例
*	匹配任何数量的字符	ab*，可以找到 abcd、abhgkjh，不能找到 fdabfg
?	匹配任何单个字符	ab?，可以找到 abf，找不到 abjfksj
[]	匹配[]内的任何单个字符	a[kp]m，可以找到 akm 和 apm，找不到 abm
!	被排除的字符	a[!kp]m，可以找到 abm，找不到 akm 和 apm
-	指定一个范围的字符	a[b-d]n，可以找到 abn、acn、and，找不到 apn
#	匹配任何单个数字	a#b，可以找到 a2b、a7b，找不到 ab、a23b

【例 2-7】设置"score"表中的"成绩"字段的验证规则，要求成绩只能在 0 和 100 之间。具体操作步骤如下：

(1) 打开"学生成绩管理系统"数据库，打开"score"表的设计视图。

(2) 选择"成绩"字段，在"字段属性"区的"验证规则"文本框中输入">=0 And <=100"

第 2 章 数据库和表的基本操作

或者输入"between 0 and 100",也可以在表达式生成器中完成输入,如图 2-28 所示;设置验证文本为"成绩只能是 0 和 100 之间",如图 2-29 所示。

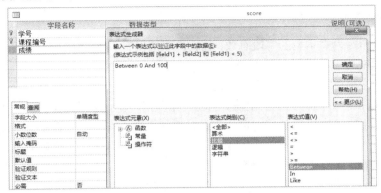

图 2-28 设置验证规则

图 2-29 设置验证文本

(3) 单击"保存"按钮,弹出如图 2-30 所示的提示对话框,单击"是"按钮即可。需要注意的是,如果表中的现有数据超出指定范围,还会弹出如图 2-31 所示的提示对话框,单击"确定"按钮,重新修改验证规则或修改数据表中此字段的数据,直到满足要求即可。

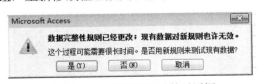

图 2-30 提示规则已改的对话框

图 2-31 提示对话框

8. 必需

此属性值为"是"或"否"项。设置为"是"时,表示此字段值必须输入,设置为"否"

时，可以不填写本字段数据，允许此字段值为空。一般情况下，作为主键字段的"必需"属性为"是"，其他字段的"必需"属性为"否"，系统默认值为"否"。

9. 允许空字符串

该属性仅对指定为文本型的字段有效，其属性取值仅有"是"和"否"两项。当取值为"是"时，表示本字段中可以不填写任何字符。

下面是关于空值(Null)和空字符串之间的区别。

(1) Access 可以区分两种类型的空值。因为在某些情况下，字段为空，可能是因为信息目前无法获得，或者字段不适用于某一特定的记录。例如，表中有一个"数字"字段，将其保留为空白，可能是因为不知道学生的电话，或者该学生没有电话号码。在这种情况下，使字段保留为空或输入 Null 值，代表没内容，其数据类型未知。输入双引号和空字符串，则代表有内容，只是内容为一个空字符串，其数据类型是明确的，即为字符型。

(2) 如果允许字段为空而且不需要确定为空的条件，可以将"必需"和"允许空字符串"属性设置为"否"，作为新建的"短文本""长文本"或"超链接"字段的默认设置。

(3) 如果不希望字段为空，可以将"必需"属性设置为"是"，将"允许空字符串"属性设置为"否"。

(4) 何时允许字段值为 Null 或空字符串呢？如果希望区分字段空白的两个原因：信息未知和没有信息，可以将"必需"属性设置为"否"，将"允许空字符串"属性设置为"是"。在这种情况下，添加记录时，如果信息未知，应该使字段保留空白(即输入 Null 值)，而如果没有提供给当前记录的值，则应该输入不带空格的双引号(" ")来输入一个空字符串。

10. 索引

设置索引有利于对字段进行查询、分组和排序，此属性用于设置单一字段索引。

我们创建"教师情况表"时为"教师编号"设置了"主键"，其"索引"属性就默认为"有(无重复)"，一般字段"索引"属性默认值为"无"，属性值有以下 3 种选择。

(1) "无"，表示无索引。

(2) "有(重复)"，表示字段有索引，输入数据可以重复。

(3) "有(无重复)"，表示字段有索引，输入数据不可以重复。

11. Unicode 压缩

在 Unicode 中每个字符占 2 字节，而不是 1 字节，因此它最多支持 65536 个字符。可以通过将字段的"Unicode 压缩"属性设置为"是"来弥补 Unicode 字符表达方式所造成的影响，以确保得到优化的性能。

2.4.2 设置查阅属性

在表设计视图中，通过"字段属性"窗口中的"查阅"选项卡，可以对表中的各字段设置其查阅属性。在"查阅"选项卡上，显示了各个属性行，以便设置各个属性值。

【例 2-8】将"student"表中"性别"字段的数据类型改为"查阅向导"类型。

在 Access 2016 提供的数据类型中，"查阅向导"是一种特殊的类型，它是利用列表框或组合框从另一个表或值列表中选择已经设计好的预选值，这样可以方便数据的输入，提高输入的准确性。

具体操作步骤如下：

(1) 打开"student"表的设计视图。在表的设计视图中，选择"性别"字段的数据类型下拉列表中的"查阅向导"选项，在打开的"查阅向导"对话框中选择"自行键入所需的值"单选按钮，如图 2-32 所示。

(2) 单击"下一步"按钮，在弹出的对话框的"第 1 列"下面的文本框中输入"男""女"两个性别选项，如图 2-33 所示，然后单击"完成"按钮。

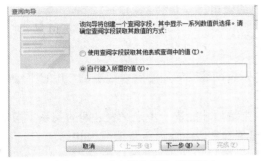

图 2-32　"查阅向导"对话框 1

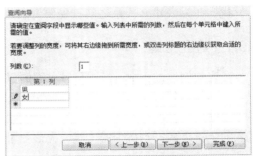

图 2-33　"查阅向导"对话框 2

(3) 单击"保存"按钮，我们可以看到表设计视图中显示的是"字段属性"区域，单击"查阅"选项卡，可以查看"性别"的查阅属性，如图 2-34 所示。我们也可以直接在"查阅"选项卡中进行选择和输入。

(4) 在数据表中输入数据时，性别数据可以直接选择输入了，如图 2-35 所示。

图 2-34　"查阅"选项卡

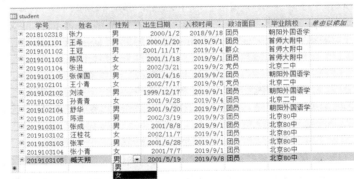

图 2-35　查阅类型数据的输入

2.5　建立表之间的关系

在 Access 数据库中，常常包含若干数据表，用于存放不同类别的数据集合。不同表之间存在着联系，表之间的联系是通过表之间相互匹配字段中的数据来实现的，匹配字段通常是两个表中的同名字段。在数据库及表的操作中，不可能在一个表中创建需要的所有字段，因此就需要把多个表连接起来使用，就是建立表之间的关系。

表之间的关系分为三类：一对一关系、一对多关系和多对多关系。

(1)"一对一"关系。若有两个表分别为 A 和 B，A 表中的一条记录仅能在 B 表中有一个匹配的记录，并且 B 表中的一条记录仅能在 A 表中有一个匹配记录。

(2)"一对多"关系。在一对多关系中，A 表中的一个记录能与 B 表中的许多记录匹配，但是 B 表中的一个记录仅能与 A 表中的一个记录匹配。

(3)"多对多"关系。多对多关系中，A 表中的一个记录能与 B 表中的许多记录匹配，并且 B 表中的一个记录也能与 A 表中的许多记录匹配。此关系的类型仅能通过定义第三个表(称作联接表)来完成，多对多关系实际上是使用第三个表的两个一对多关系。

我们在为表建立关系之前首先要为表建立主键或索引。

2.5.1 建立主键

在表的创建过程中已经提到过主键的概念，每张表创建完成后都要设定主键，用它唯一标识表中的每一行数据。

主键用来将表与其他表中的外键相关联，定义主键后才能进一步定义表之间的关系，指定了表的主键之后，为确保唯一性，Access 将禁止在主键字段中输入重复值或 Null。

1. 主键的基本类型

(1) 自动编号主键。当向表中添加每一条记录时，可以将自动编号字段设置为自动输入连续数字的编号。将自动编号字段指定为表的主键是创建主键的最简单的方法。如果在保存新建的表之前没有设置主键，此时 Access 2016 将询问是否创建主键。如果选择"是"，Access 2016 将创建自动编号为主键。

(2) 单字段主键。如果字段中包含的都是唯一的值，例如，ID 号或学生的学号，则可以将该字段指定为主键。如果选择的字段有重复值或 Null 值，Access 2016 将不会设置主键。通过运行"查找重复项"查询，可以找出包含重复数据的记录。如果通过编辑数据仍然不容易消除这些重复项，可以添加一个自动编号字段并将它设置为主键或定义多字段主键。

(3) 多字段主键。我们也称复合主键，在不能保证任何单字段中包含的都是唯一值时，可以将两个或更多的字段设置为主键。这种情况常用于多对多关系中关联另外两个表的表。

2. 设置或更改主键

(1) 定义主键。在表设计视图中打开相应的表，选择需要定义为主键的一个或多个字段。如果选择一个字段，请单击行选定器。如果要选择多个字段，请按下 Ctrl 键，然后对每一个所需的字段单击行选定器，然后单击功能区中的"主键"按钮 即可。

设置主键字段时必须遵循以下两条原则。

① 主键字段的内容不能为"空"(Null)。

② 主键字段中的每一个值必须是唯一能够标识记录的(不能有重复记录)。

说明：在保存表之前如果没有定义"主键"，系统将弹出创建主键提示信息框，询问是否创建主键，用户可以根据需要自行定义，也可以由 Access 2016 指定，若默认给出，即选择"是"按钮，此时系统自动定义一个"自动编号"字段并创建"自动编号"为主键。

(2) 删除主键。在表设计视图中打开相应的表，单击当前使用的主键的行选定器，然后单击功能区中的"主键"按钮。

注意：

此过程不会删除指定为主键的字段，它只是简单地从表中删除主键的特性。在某些情况下，可能需要暂时地删除主键。

2.5.2 建立索引

对于数据库来说，查询和排序是常用的两种操作，为了能够快速查找到指定的记录，我们经常通过建立索引来加快查询和排序的速度。建立索引就是要指定一个字段或多个字段，按字段的值将记录按升序或降序排列，然后按这些字段的值来进行检索。比如，利用拼音检索来查字典。

我们可以通过要查询的内容或者需要排序的字段的值来确定索引字段，索引字段可以是"短文本"类型、"数字"类型、"货币"类型、"日期/时间"类型等，主键字段会自动建立索引，但"OLE 对象"和"长文本"类型等不能设置索引。

1．创建索引

1) 创建单字段索引

在表设计视图中打开表。在窗口上部，单击要创建索引的字段。在"常规"选项卡的窗口下部，单击"索引"属性框内部，然后单击"有(有重复)"或"有(无重复)"。单击"有(无重复)"选项，可以确保这一字段的任何两个记录没有重复值。

2) 创建多字段索引

在进行索引查询时，有时按一个字段的值不能唯一确定一条记录，比如"student"表，按"毕业院校"检索时就有可能几个人同为一个院校毕业，这样"毕业院校"字段的值就不唯一，就不能唯一确定一个学生记录，我们可以采取"毕业院校"字段+"出生日期"字段组合检索，即先按第一字段"毕业院校"进行检索，若字段值相同，再按"出生日期"字段值进行检索。

【例 2-9】下面介绍设置多字段索引的方法。为"学生情况表"设置"姓名"+"出生日期"索引，操作步骤如下：

(1) 打开"学生成绩管理系统"数据库，把"student"表复制一份，并命名为"学生情况表"。打开"学生情况表"设计视图，单击功能区中的"索引"按钮。

(2) 在"索引名称"列的第一个空白行，输入索引名称，如图 2-36 所示。"索引名称"由用户自己命名，例如"姓名生日"。

图 2-36　设置索引

(3) 在"字段名称"列中，单击向下的箭头按钮，选择索引的第一个字段"姓名"。然后在"排序次序"列中，单击向下的箭头按钮，选择升序或降序，在"字段名称"列的下一行，选择索引的第二个字段"出生日期"(该行的"索引名称"列为空)。

(4) 多字段索引可以重新设置主键，即在"索引"对话框的"主索引"栏中重新设置。

(5) 创建索引后，可以随时打开"索引"对话框进行修改，若需要删除，可以直接选择要删除的索引字段，右击鼠标，弹出快捷菜单，选择"删除行"命令，删除索引字段不会影响表的结构和数据。

设置多字段索引的目的是查询或检索到唯一的数据记录，在现实生活中，同名同姓的现象很多，同年同月同日生的现象也很多，但是同名同姓又同年同月同日生的现象就极少了，这就是设置"姓名"+"出生日期"索引的目的。

2.5.3 建立关系

【例 2-10】在"student"表和"score"表之间建立关系，"student"表是主表，"score"表为子表。

操作步骤如下：

(1) 先关闭所有打开的表，不能在表打开的状态下创建或修改关系。

(2) 在"学生成绩管理系统"数据库窗口，单击"数据库工具"选项卡中的"关系"按钮，打开"关系"窗口并弹出"显示表"对话框，如图 2-37 所示。

(3) 在"显示表"对话框中，把"student"表和"score"表分别添加到关系窗口中，关闭"显示表"对话框。关系窗口的效果如图 2-38 所示。

图 2-37 "显示表"对话框

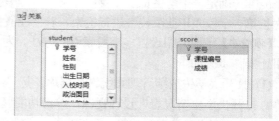

图 2-38 添加表

(4) 将"student"表中的"学号"字段拖动到"score"表的"学号"字段上，松开鼠标后，显示"编辑关系"对话框，如图 2-39 所示。

在"编辑关系"对话框中选中 3 个复选框，实现参照完整性的设置。单击"创建"按钮，建立两个表之间的关系，效果如图 2-40 所示，在两个表的"学号"字段之间增加了一条连线，两端分别为"1"和"∞"，表示建立的是一对多的关系，主表为"1"，子表一方为"∞"。

其中，"级联更新相关字段"复选框的作用是使主关键字段和关联表中的相关字段保持同步的改变，而"级联删除相关记录"复选框的作用是删除主表中的记录时，会自动删除子表中与主键值相对应的记录。

图 2-39 "编辑关系"对话框

图 2-40 建立关系

1. 实施参照完整性定义

参照完整性是一个规则系统，Access 2016 使用这个系统以确保相关表中记录之间关系的有效性，并且不会意外地删除或更改相关数据。在符合下列全部条件时，用户可以设置参照完整性。

(1) 来自主表的匹配字段是主键或具有唯一索引。

(2) 相关的字段都有相同的数据类型。但是有两种例外情况：自动编号字段可以与"字段大小"属性设置为"长整型"的数字型字段相关；"字段大小"属性设置为"同步复制 ID"的自动编号字段与一个"字段大小"属性设置为"同步复制 ID"的 Number 字段相关。

(3) 两个表都属于同一个 Access 2016 数据库。如果表是链接表，它们必须都是 Access 2016 格式的表，不能对数据库中的其他格式的链接表设置参照完整性。

当实施参照完整性后，必须遵守下列规则。

(1) 不能在相关表的外部键字段中输入不存在于主表的主键中的值。但是，可以在外部键中输入一个 Null 值来指定这些记录之间并没有关系。

(2) 如果在相关表中存在匹配的记录，不能从主表中删除这个记录。

(3) 如果某个记录有相关记录，则不能在主表中更改主键值。

如果用户使用 Access 2016 为关系表实施这些规则，在创建关系时，请选择"实施参照完整性"复选框。如果已经实行了参照完整性，但用户的更改破坏了相关表规则中的某个规则，Access 2016 将显示相应的消息，并且不允许这个更改操作。如图 2-40 所示是选择"实施参照完整性"复选框后的关系窗口。

2. 编辑关系

1) 联接类型

在创建关系时涉及联接类型的选择，联接类型是指表之间记录连接的有效范围，即对哪些记录进行选择，对哪些记录执行操作。联接类型有以下三种情况：

(1) 只包含来自两个表的联接字段相等处的行，即联接字段满足特定条件时，才合并两个表中的记录为一条记录。

(2) 包含所有"主表"的记录和那些联接字段相等的"子表"的记录，即包括两个联接表中左边的表中的全部记录，右边的表仅当与左边的表有相匹配的记录才与之合并，即无论左边的表是否满足条件都添加。

(3) 包括所有"子表"的记录和那些联接字段相等的"主表"的记录，即包括两个联接表中右边的表中的全部记录，左边的表仅当与右边的表有相匹配的记录才与之合并，即无论右边的表是否满足条件都添加。系统默认为第一种情况。

选择联接类型的具体方法：单击功能区中的"关系"按钮，打开"关系"窗口，双击两个表之间的连线的中间部分，打开"编辑关系"对话框，单击"联接类型"按钮，弹出"联接属性"对话框，如图2-41所示，然后在对话框中进行类型的选择。

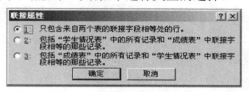

图 2-41　"联接属性"对话框

2) 编辑关系

编辑关系的步骤如下。

(1) 关闭所有打开的表，因为不能修改已打开的表之间的关系。

(2) 设置数据库窗口为当前窗口。

(3) 单击功能区上的"关系"按钮。

(4) 如果没有显示要编辑的表的关系，请单击功能区中的"显示表"按钮，并双击每一个需要添加的表。

(5) 为表建立关系，在弹出的"编辑关系"对话框中编辑关系。

(6) 也可以双击一个已存在的"关系连线"并进行编辑。

(7) 在"关系"窗口中删除两个表之间的"关系"。用鼠标右击两个表之间的"关系连线"，在弹出的快捷菜单中选择"删除"命令，然后在弹出的删除确认提示框中，单击"是"按钮即可，如图2-42所示。

图 2-42　删除关系

(8) 在"关系"窗口中隐藏表。选中要隐藏的表，单击鼠标右键，在弹出的快捷菜单中选择"隐藏"命令即可。

(9) 在"关系"窗口中删除表。选中要删除的表，按 Delete 键(删除键)即可。

(10) 关闭"关系"窗口，系统弹出保存提示对话框，单击"是"按钮，保存对关系布局的更改。

2.6　表的编辑

在创建表的过程中，可能由于种种原因，使创建的表结构不尽合理，或者需要对表的内容进行修改和完善，为了使表结构更合理，内容更新、使用更有效，我们需要经常对表进行维护和编辑。

2.6.1 修改表结构

对表的修改也就是对字段进行添加、修改、移动和删除等操作。对字段进行修改通常是在表设计视图中进行的。

1. 添加字段

添加字段有以下 3 种方法。

(1) 打开表设计视图，将鼠标指向要插入的行，然后单击功能区中的"插入行"按钮，在插入的空白行上进行新字段的输入设置。

(2) 在表设计视图中可将鼠标指向要插入的位置，右击，在弹出的快捷菜单中选择"插入行"命令。

(3) 在数据表视图中，用鼠标单击某个字段名，即选择要添加新字段的位置，再右击鼠标，在弹出的快捷菜单中选择"插入字段"命令，但这种方式只能在选中字段的左边插入列。

2. 更改字段

更改字段主要指的是更改字段的名称。字段名称的修改不会影响数据，字段的属性也不会发生变化。更改字段有以下 3 种方法。

(1) 在表设计视图中选择需要修改的字段，然后输入新的名称。

(2) 在浏览数据表视图中，选择要修改的字段，双击鼠标直接进入字段名修改状态，输入新的名称。

(3) 在浏览数据表视图中，选择要修改的字段，右击鼠标，在弹出的快捷菜单中选择"重命名字段"命令。

若字段设置了"标题"属性，则可能出现字段选定器中显示文本与实际字段名称不符的情况，此时应先将"标题"属性框中的名称删除，然后进行修改。

3. 移动字段

在表设计视图中把鼠标指向要移动字段左侧的标志块上并单击，然后拖动鼠标到要移动到的位置上并松开鼠标，字段就被移到新的位置上了。另外可以在浏览数据表视图中选择要移动的字段，然后拖动鼠标到要移动到的位置上并松开鼠标，也可实现移动操作。

4. 删除字段

删除字段有以下 3 种方法。

(1) 在表设计视图中把鼠标指向要删除字段左侧的标志块上并单击，之后单击鼠标右键，在弹出的快捷菜单中选择"删除行"命令。

(2) 选择要删除的字段，然后单击功能区中的"删除行"按钮，也可以删除字段。

(3) 在数据表视图中，选择要删除的字段列，右击，在弹出的快捷菜单中选择"删除字段"命令。

2.6.2 编辑表中的数据

数据表建立好之后，还要经常对表中的数据进行编辑维护，包括记录的定位、选择、添加、删除、修改、复制等，还可以调整表的外观，如设置字体、字形、颜色等。

1. 记录的定位

当数据表中的记录很多时，要编辑修改某条记录，记录的定位就很重要了，在打开的数据表窗口的下方提供了记录的定位工具，如图 2-43 所示，也可以使用快捷键定位，表 2-18 中列出了定位记录的快捷键。

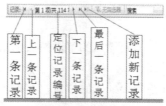

图 2-43　记录的定位

2. 记录的选择

在数据表视图下选择数据区域，被选中的数据记录将呈一片反白色。

1) 使用鼠标选择数据区域

(1) 选择字段中的部分数据：单击字段开始处，拖动鼠标到结尾处。

(2) 选择字段中的全部数据：单击字段的左边，待鼠标指针变成"+"后，单击鼠标左键。

(3) 选择相邻多个字段中的数据：单击第一个字段的左边，待鼠指针变成"+"后，拖动鼠标到最后一个字段的结尾处。

(4) 选择一列数据：单击该字段的列选定器。

(5) 选择相邻的多列数据：单击第一列顶端字段名，拖动鼠标到最后一列顶端字段名。

2) 使用鼠标选择记录区域

(1) 选择一条记录：单击该字段行选定器。

(2) 选择多条记录：单击第一条记录的行选定器，再拖动鼠标左键到选定范围的结尾处。

3) 使用键盘选择数据区域

(1) 选择一个字段中的部分数据：将光标移到选定文本的开始处，按住 Shift 键，再按方向键直到选择内容的结尾处。

(2) 选择相邻的多个字段：选择第一个字段，然后按住 Shift 键，再按方向键到结尾处。

表 2-18　定位记录的快捷键

快捷键	功能
Tab、→、Enter	下移一个字段
End	移到当前记录的最后一个字段
Shift+Tab、←	上移一个字段
Home	移到当前记录的第一个字段
↓	移到下一条记录的当前字段
Ctrl+↓	移到最后一条记录的当前字段
Ctrl+End	移到最后一条记录的最后一个字段
↑	移到上一条记录的当前字段
Ctrl+↑	移到第一条记录的当前字段

(续表)

快捷键	功能
Ctrl+Home	移到第一条记录的第一个字段
Page Dn	下移一屏
Page Up	上移一屏
Ctrl+ Page Dn	右移一屏
Ctrl+ Page Up	左移一屏

3. 记录的添加

在关系数据库中，一个数据表被称为一个二维表，一个二维表的一行称为一条记录，添加新记录也就是在表的末端增加新的一行。向 Access 2016 数据表中添加新记录，有以下 4 种方法。

1) 直接添加

直接用鼠标将光标点到表的最后一行上，然后在当前记录中输入所需添加的数据，即完成了增加一条新记录的操作。

2) 应用"记录指示器"按钮

单击"记录指示器"上的"新记录"按钮，光标自动跳到表的最后一行上，即可输入所需添加的数据。

3) 应用功能区按钮

单击功能区"记录"组中的"新建"按钮，光标也会自动跳到表的最后一行上，即可输入所需添加的数据。

4) 使用快捷菜单功能

单击某个记录的行选定器，再右击，在弹出的快捷菜单中选择"新记录"命令。

4. 记录的删除

当数据表中的一些数据记录不再需要时，可以从表中删除它们。删除前，要选中需要删除的那些记录，被选中的记录将呈一片反白色。

有以下 3 种方法可以删除被选中的记录。

(1) 单击功能区上的"删除记录"按钮。

(2) 单击要被删除记录的行选定器选中该记录，右击，在弹出的快捷菜单中选择"删除记录"命令。

(3) 选中要删除的记录，按下键盘上的 Delete 键。

5. 记录的编辑修改

进入数据表视图，可编辑修改数据表中的数据。

1) 一般字段中的数据的编辑修改

Access 2016 数据表视图是一个全屏幕编辑器，只需要将光标移动到所需修改的数据处，就可以编辑修改光标所在位置的数据。在任意一个表格单元中，修改数据的操作如同在文本编辑器中编辑字符的操作。

2）显示控件设置为组合框的字段数据的修改

在数据表对象中，可能会有一些字段的"显示控件"属性被设置为"组合框"，这是为了输入数据时的便捷与准确。在修改这样的字段数据时，不应该直接输入数据，而应该在组合框中选取数据，以保证数据的完整性。

6. 记录的复制与粘贴

如同在 Excel 电子表格软件中一样，Access 2016 可以在数据表视图中复制或移动字段数据。要复制字段数据，首先选中需要复制的连续记录中的连续字段中的数据，使之形成一块反白色的矩形区域，再进行复制和粘贴。

2.6.3 表的复制、删除和重命名

1. 数据表的复制

复制表或表的结构。

【例 2-11】将"student"表复制成"学生情况表的副本"表。操作步骤如下：

(1) 在数据库的"表"对象下，选择"student"表。

(2) 右击"student"表，在弹出的快捷菜单中选择"复制"命令，或者单击功能区上的"复制"按钮。

(3) 在空白处右击，在弹出的快捷菜单中选择"粘贴"命令，或者单击功能区上的"粘贴"按钮，弹出"粘贴表方式"对话框，如图 2-44 所示。在"粘贴选项"选项组中选择"结构和数据"单选按钮，单击"确定"按钮，即可在"表"对象下生成一个备份表。

(4) 另外，如果想复制表做备份也可以通过选择"文件"菜单，执行"对象另存为"命令，在弹出的如图 2-45 所示的"另存为"对话框中将选中的表另存为一个副本。

图 2-44　"粘贴表方式"对话框　　　　图 2-45　"另存为"对话框

2. 数据表的删除

删除一个不需要的表时，如果该表与其他表之间建立了"关系"，需要先删除该表与其他表的关系，才能再删除该表。

【例 2-12】删除"学生情况表的副本"表。操作步骤如下：

(1) 选择"学生情况表的副本"表。

(2) 右击，在弹出的快捷菜单中选择"删除"命令，或者单击功能区上的"删除"按钮。

(3) 在弹出的删除提示框中，单击"是"按钮，即可删除选中的表。

3. 重命名表

选中需要重命名的表，右击鼠标，在弹出的快捷菜单中选择"重命名"命令，在表名称栏中输入新的表名，按 Enter 键确认即可。

2.7 表的使用

在表的使用过程中，我们经常会对表中的数据进行查找和替换、排序、筛选等操作。

2.7.1 记录的排序

在数据表视图中查看数据时，通常都会希望数据记录按照某种顺序排列，以便于查看和浏览。设定数据排序可以达到所需要的排列顺序。在没有特别设定排序的情况下，数据表视图中的数据总是依照数据表中的关键字段升序排列显示的。

1. 排序的意义及规则

简单来说排序的意义就是为了便于查询、浏览，当数据按照要求进行升序或降序排列时，我们很容易查询到要找的数据。不同的字段类型，排序的规则也有所不同，具体规则如下。

(1) 英文：区分大小写，升序 A→Z，降序 Z→A。
(2) 汉字：按拼音字母的升序或降序排序(对于汉字排序的意义，我们可以把它看成是"分类"操作，例如，按"性别"排序，可以看成是按"性别"分类)。
(3) 数字：按数字自然大小的顺序排序。
(4) 日期和时间：按日期和时间自然大小的顺序排序。
(5) "长文本""超链接"和"OLE 对象"字段：不能排序。

2. 对数据表的记录直接排序

在数据表中选择要排序的字段，若要升序排序，选择"开始"→"排序和筛选"，单击功能区上的"升序排序"按钮；若要降序排序，选择"开始"→"排序和筛选"，单击功能区上的"降序排序"按钮。

3. 使用"高级筛选/排序"命令进行排序

使用"高级筛选/排序"命令可以对多个不相邻的字段进行排序，并且每个字段可以采用不同方式(升序或降序)排序。

4. 取消排序

如果不希望将排序结果一起保存到数据表中，可以取消排序，方法是：在"开始"选项卡的"排序和筛选"组中选择"取消筛选/排序"命令。或者在关闭数据表视图时，在弹出的提示框中选择不保存。

2.7.2 记录的筛选

数据筛选的意义是在众多的数据记录中只显示那些满足某种条件的数据记录。Access 提供了 4 种基本筛选功能："按选定内容筛选""按窗体筛选""按内容排除筛选""高级筛选"。

1. 按选定内容筛选

在数据表中选择要筛选的内容，就是将鼠标所在当前位置的内容作为条件数据进行筛选。

将光标停留在条件数据所在的单元格中,下面的两种方法都可以得到筛选结果。

(1) 在"开始"选项卡的"排序和筛选"组中单击"选择"按钮,再执行"等于******"命令。

(2) 单击鼠标右键,在弹出的快捷菜单中选择"等于******"命令。

2. 按窗体筛选

"按窗体筛选"指由用户在"按窗体筛选"对话框中输入条件数据,"条件数据"就是选择不同字段名下面的"数据"进行组合,然后进行筛选。设置筛选的条件是"与"的关系时,条件数据在同一行输入设置,条件是"或"关系时,选择窗口左下角的"或"标签,再输入条件数据。

3. 按内容排除筛选

"内容排除筛选"指在数据表中选择不符合条件的记录。把鼠标指向不满足条件的字段值上,有以下两种执行"内容排除筛选"命令的方法。

(1) 在"排序和筛选"组中,单击"选择"按钮,在弹出的菜单中选择"不等于***"选项。

(2) 单击鼠标右键,在弹出的快捷菜单上选择"不等于***"命令。

4. 高级筛选

前面介绍的各种筛选操作比较容易,使用的条件单一,只能简单地筛选出需要的数据。当筛选条件不唯一的时候,即选择出的记录在排列次序上有要求时,可以使用"高级筛选/排序"功能。

"高级筛选/排序"需要设计比较复杂的条件表达式,它们可以由标识符、运算符、通配符和数值等组成,从而可以筛选出比较准确的结果,也可以按某些指定字段分组排序。

2.7.3 数据的查找与替换

1. 查找数据

在实际应用的数据管理系统中,数据表存储着大量的数据,在如此庞大的数据集合中查找某一特定记录数据,没有适当的方法是不行的。Access 2016 提供的数据查找功能,就可以圆满地解决实现快速查找的问题,从而避免靠操纵数据表在屏幕上下滚动来实现数据查找操作。

数据表的查找是指特定记录的查找定位或字段中的数据值的查找定位,可以使用"查找"组中的"查找"按钮来完成。

【例 2-13】我们要查找"周韵"同学的记录,具体操作方法如下。

(1) 打开"student"表的设计视图,首先选择要搜索的姓名字段。

(2) 在"开始"选项卡的"查找"组中单击"查找"按钮,打开如图 2-46 所示的"查找和替换"对话框,在"查找内容"文本框中输入"周韵"。

图 2-46 "查找和替换"对话框

(3) 单击"查找下一个"按钮，Access 2016 将会搜索输入的内容，如果找到，将以反白显示结果并定位此记录。连续单击"查找下一个"按钮，可以将全部符合要求的数据查找出来。

(4) 如果不完全知道要查找的内容，可以在"查找内容"文本框中使用通配符来代替不确定的内容。例如，我们要在"student"表中，查找毕业院校位于"北京"的所有学生，只要在"查找内容"文本框中输入"北京*"，再连续单击"查找下一个"按钮，直至查找结束。通配符的使用方法我们在前面的章节中已经讲过，我们就不再重复了。

2. 替换数据

在数据表的实际操作过程中，时常发生这样的情况，即表中的某一字段下的很多数据都需要改为同一个数据值。这时我们可以使用"查找并替换字段数据"功能。

2.7.4 表的显示格式设置

调整数据表的外观及重新安排数据的显示形式，是为了使表整体显示得更清楚、美观。调整表格外观的操作包括：改变字段次序、调整字段的显示宽度和高度、隐藏列、冻结列等。

1. 改变字段次序

在默认设置下，Access 数据表中的字段次序与它们在表或查询中出现的次序相同。但是在使用数据表视图时，往往需要移动某些列来满足查看数据的要求。此时，可以改变字段的次序。

要改变字段次序，可以移动单个字段或字段组。移动"数据表"视图中的字段，不会改变表设计视图中字段的排列顺序，而只是改变字段在"数据表"视图下字段的显示顺序。

2. 调整字段的显示高度和宽度

在数据表视图中，有时由于数据过长，显示时被部分遮住；有时由于数据的字号设置得过大，数据显示不完整。通过调整字段的显示宽度和高度，就可以显示字段中的全部数据。

(1) 调整字段的显示高度有以下两种方法。

方法一：使用鼠标调整字段显示高度的操作步骤如下。

① 在"数据库"窗口的"表"对象下，双击所需的表。

② 将鼠标指针放在表中任意两行的选定器之间。

③ 按住鼠标左键不放，拖动鼠标上下移动，当调整到所需高度时，松开鼠标左键。

方法二：使用菜单命令调整字段显示高度的操作步骤如下。

① 在"数据库"窗口的"表"对象下，双击所需的表。

② 将鼠标放在选定栏中，单击鼠标右键，在弹出的快捷菜单中选择"行高"命令，打开"行高"对话框。

③ 在"行高"对话框的"行高"文本框内输入所需的行高值，单击"确定"按钮，完成表的行高设置。改变行高后，整个表的行高都得到了调整。

(2) 调整字段的显示宽度有以下两种方法。

方法一：使用鼠标调整字段显示宽度的操作步骤如下。

① 在"数据库"窗口的"表"对象下，双击所需的表。

② 将鼠标指针放在表中要改变宽度的两列字段名中间。

③ 按住鼠标左键不放，拖动鼠标左右移动，当调整到所需宽度时，松开鼠标左键。

注意：

在拖动字段列中间的分隔线时，如果将分隔线拖动到超过前一个字段列的右边界时，将会隐藏该列。

方法二：使用菜单命令调整字段显示宽度的操作步骤如下。

① 在"数据库"窗口的"表"对象下，双击所需的表。

② 将鼠标放在字段名上，单击鼠标右键，在弹出的快捷菜单中选择"字段宽度"命令，打开"字段宽度"对话框。在文本框内输入所需的列宽值，单击"确定"按钮，完成表的列宽设置。

注意：

如果在"列宽"文本框中输入的值为"0"，则该字段列将会被隐藏。重新设定列宽不会改变表中字段的"字段大小"属性所允许的字符数，它只是简单地改变字段列所包含数据的显示宽度。

3. 隐藏和显示列

在表对象的"数据表"视图中，为了便于查看表中的主要数据，可以将某些字段列暂时隐藏起来，需要时再将其显示出来。

1) 隐藏列

【例2-14】将"student"表中的"出生日期"字段列隐藏起来。操作步骤如下。

(1) 在"数据库"窗口的"表"对象下，双击"学生情况表"进入表视图。

(2) 单击"出生日期"字段选定器。

(3) 在"开始"选项卡的"记录"组中单击"其他"按钮，在弹出的菜单中选择"隐藏字段"命令，或者将鼠标放在选定列上，右击，在弹出的快捷菜单中选择"隐藏字段"命令。

2) 显示列

如果希望将隐藏的列重新显示出来，操作步骤如下。

(1) 在"数据库"窗口的"表"对象下，双击"student"表进入数据表视图。

(2) 在"开始"选项卡的"记录"组中单击"其他"按钮，在弹出的菜单中选择"取消隐藏字段"命令，打开"取消隐藏列"对话框，在"列"列表框中选中要显示的列的复选框。

(3) 单击"关闭"按钮。

4. 冻结列

在通常操作中，常需要建立比较大的数据表，由于表过宽，在"数据表"视图中，有些关键的字段值因为水平滚动后无法看到，影响了数据的查看。Access 2016 提供的冻结列功能可以解决这方面的问题。

在"数据表"视图中，冻结某些字段列后，无论用户怎样水平滚动窗口，这些字段总是可见的，并且总是显示在窗口的最左边。

当不再需要冻结列时，可以通过单击"开始"选项卡的"记录"组中的"其他"按钮，在弹出的菜单中选择"取消对所有列的冻结"命令来取消。

5. 设置数据表格式

在系统默认的"数据表"视图外观中，水平方向和垂直方向都显示有网格线，网格线采用银色，背景采用白色。用户可以改变单元格的显示效果，也可以选择网格线的显示方式和颜色，表格的背景颜色等。

【例2-15】设置数据表格式的操作步骤如下。

(1) 在"数据表"窗口的"表"对象下，双击要打开的表，进入数据表视图。

(2) 单击"开始"选项卡"文本格式"组右下角的 按钮，打开"设置数据表格式"对话框，如图2-47所示。

(3) 在"设置数据表格式"对话框中，用户可以根据需要选择所需的项目进行设置。

(4) 单击"确定"按钮，完成对数据表的格式设置。

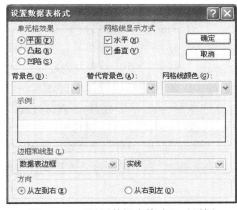

图2-47 "设置数据表格式"对话框

6. 改变字体显示

为了使数据的显示美观清晰、醒目突出，用户可以改变数据表中数据的字体、字形和字号等。

【例2-16】为"student"表设置格式，其中字体为楷体、字号为16磅、字形为粗斜体、颜色为深蓝色。

具体操作步骤如下：

(1) 在"数据库"窗口的"表"对象下，双击"student"表，进入数据表视图。

(2) 使用"开始"选项卡的"文本格式"组中的按钮对字体、字形、字号和颜色进行设置。

2.8 小结

在Access数据库中，表是唯一存储数据的对象，是创建其他对象的基础。本章我们详细介绍了Access数据库的创建方法、表的基本概念以及创建方法，包括字段属性的设置、数据的输入以及表间关系的建立，并简单介绍了表的维护和表的操作，为Access中其他对象的创建提供了数据基础。

2.9 练习题

选择题

1. 在学生成绩表中,有"总评成绩""平时成绩"和"期末考试"字段,其中,总评成绩=0.3×平时成绩+0.7×期末考试。在设计表时,字段"总评成绩"的数据类型应该是(　　)。
   A. 计算　　　　　B. 数字　　　　　C. 整数　　　　　D. 文本

2. 在书写查询准则时,日期型数据应该使用适当的分隔符括起来,正确的分隔符是(　　)。
   A. *　　　　　　B. %　　　　　　C. &　　　　　　D. #

3. 在输入记录时,要求某字段的输入值必须大于0,应为该字段设置的是(　　)。
   A. 验证规则　　　B. 默认值　　　　C. 输入掩码　　　D. 必填字段

4. 若在数据库中有"教师"表(教师号,教师名)、"学生"表(学号,学生名)和"课程"表(课程号,课程名)3个基本情况表。学校里一名教师可主讲多门课程,一名学生可选修多门课程,则主讲教师与学生之间形成了多对多的师生关系。为反映这种师生关系,在数据库中应增加新的表。下列关于新表的设计中,最合理的设计是(　　)。
   A. 增加两个表:学生-选课表(学号,课程号),教师-任课表(教师号,课程号)
   B. 增加一个表:学生-选课-教师表(学号,课程号,教师号)
   C. 增加一个表:学生-选课-教师表(学号,学生名,课程号,课程名,教师号,教师名)
   D. 增加两个表:学生-选课表(学号,课程号,课程名),教师-任课表(教师号,课程号,课程名)

5. 将"查找和替换"对话框的"查找内容"文本框的内容设置为"[!a-c]def",其含义是(　　)。
   A. 查找"!a-cdef"字符串
   B. 查找"[!a-c]def"字符串
   C. 查找"!adef""!bdef"或"!cdef"的字符串
   D. 查找以"def"结束,且第一位不是"a""b"和"c"的4位字符串

6. 在Access表中,要查找包含星号(*)的记录,在"查找内容"文本框中应填写的内容是(　　)。
   A. *[*]*　　　　B. *　　　　　　C. [*] 1　　　　D. like "*"

7. 设置字段的验证规则,主要限制的是(　　)。
   A. 数据的取值范围　　　　　B. 数据的类型
   C. 数据的格式　　　　　　　D. 数据库数据范围

8. 在设计表时,一个字段的基本需求是具有唯一性且能够顺序递增,则该字段的数据类型应设置为(　　)。
   A. OLE对象　　　B. 文本　　　　　C. 自动编号　　　D. 计算

9. 下列关于字段属性的叙述中,正确的是(　　)。
   A. 可对任意类型的字段设置"默认值"属性
   B. 设置字段默认值就是规定该字段值不允许为空
   C. 只有文本型数据能够使用"输入掩码向导"
   D. "验证规则"属性只允许定义一个条件表达式

10. 在 Access 中,"空"数据库的含义是( )。
    A. 仅在磁盘上建立了数据库文件,库内还没有对象和数据
    B. 刚刚启动了 Access 系统,还没有打开任何数据库
    C. 仅在数据库中建立了基本的表结构,表中没有保存任何数据
    D. 仅在数据库中建立表对象,数据库中没有其他对象
11. 在设计表结构时,如果希望某字段的数据是从一个给定的列表选择出来的,则应将该字段的数据类型设置为( )。
    A. 查询向导   B. 附件   C. 超链接   D. OLE 对象
12. 以下列出的是设置参照完整性应符合的条件:
    ① 自主表的匹配字段是主键或具有唯一索引
    ② 两个表中相关联的字段应有相同的数据类型
    ③ 两个表之间必须是一对多的关系
    其中正确的是( )。
    A. ①②③   B. ①②   C. ①③   D. ②③
13. 某体检预约登记表中有日期/时间型数据"体检日期",预约体检规则为自填表之日起 30 天后为约定体检日期,建立的表达式不正确的是( )。
    A. Day()+30   B. Date()+30
    C. now()+30   D. DateAdd("d",30,date())
14. 如果字段"学分"的取值范围为 1~6,则下列选项中,错误的验证规则是( )。
    A. >=1 and <=6   B. [学分]>=1 and [学分]<=6
    C. 学分>0 and 学分<=6   D. 1<=[学分]<=6
15. 在设计数据表时,如果要求"课表"中的"课程编号"必须是"课程设置"表中存在的课程,则应该进行的操作是( )。
    A. 在"课表"和"课程设置"表的"课程编号"字段设置索引
    B. 在"课表"的"课程编号"字段设置输入掩码
    C. 在"课表"和"课程设置"表之间设置参照完整性
    D. 在"课表"和"课程设置"表"课程编号"字段设置验证规则
16. 定位到同一字段第一条记录中的快捷键是( )。
    A. Home   B. ↑   C. Ctrl+↑   D. Ctrl+Home
17. 下列关于 Access 数据表索引的叙述中,正确的是( )。
    A. 索引可以提高数据输入的效率   B. 索引可以提高记录查询的效率
    C. 任意类型字段都可以建立索引   D. 建立索引的字段取值不能重复
18. 在数据库中已有"tStudent"表,若要通过查询覆盖"tStudent"表,应使用的查询类型是( )。
    A. 删除   B. 追加   C. 更新   D. 生成表
19. 如果在 C 盘当前文件夹下已有顺序文件 StuData、dat,执行语句:Open "C: StuData、dat" For Append As #1 后,完成的操作是( )。
    A. 打开文件,且清除文件中的原有内容
    B. 保留文件中的原有内容,可在文件尾添加新内容

C. 保留文件中的原有内容，可从文件头开始添加新内容
D. 以只读方式打开文件

20. 下列与主关键字相关的概念中，错误的是(　　)。
   A. 作为主关键字的字段中允许出现 Null 值
   B. 作为主关键字的字段中不允许出现重复值
   C. 可以使用自动编号作为主关键字
   D. 可用多个字段组合作为主关键字

21. 要求在输入学生所属专业时，专业名称中必须包括汉字"专业"，应定义字段的属性是(　　)。
   A. 默认值　　　B. 输入掩码　　　C. 有效性文本　　　D. 验证规则

22. 要在 Access 中建立"成绩表"，字段为(学号，平时成绩，期末成绩，总成绩)，其中平时成绩的取值范围为 0~20 分，期末成绩和总成绩的取值范围均为 0~100 分，总成绩=平时成绩+期末成绩×80%。则在创建表的过程中，错误的操作是(　　)。
   A. 将"总成绩"字段设置为计算类型
   B. 为"总成绩"字段设置验证规则
   C. 将"平时成绩"和"期末成绩"字段设置为数字类型
   D. 将"学号"字段设置为不允许空并建立索引(无重复)

23. 要修改表中的记录，应选择的视图是(　　)。
   A. 数据表视图　　　B. 布局视图　　　C. 设计视图　　　D. 数据透视图

24. 数据库中有"作者"表(作者编号、作者名)、"读者"表(读者编号、读者名)和"图书"表(图书编号、图书名、作者编号)3 个基本情况表。如果一名读者借阅过某一本书，则认为该读者与这本书的作者之间形成了"读者-作者"关系，为反映这种关系，在数据库中应增加新表。下列关于新表的设计中，最合理的设计是(　　)。
   A. 增加一个表：借阅表(读者编号、图书编号)
   B. 增加一个表：读者-作者表(读者编号、作者编号)
   C. 增加一个表：借阅表(读者编号、图书编号、作者编号)
   D. 增加两个表：借阅表(读者编号、图书编号)，读者-作者表(读者编号、作者编号)

25. 某体检记录表中有日期/时间型数据"体检时间"，建立生成表查询，在生成表中有字段列"复检时间"，需要按规定在体检 30 天后复检，则复检时间的正确表达式是(　　)。
   A. 复检时间:[体检日期]+30
   B. 复检时间:now()-体检日期=30
   C. 复检时间:date()-[体检日期] = 30
   D. 复检时间:day(date())-([体检日期])=30

26. 下列选项按索引功能区分，不属于 Access 表的索引的是(　　)。
   A. 主键索引　　　B. 唯一索引　　　C. 普通索引　　　D. 主索引

27. 在 Access 中，如果不想显示数据表中的某些字段，可以使用的命令是(　　)。
   A. 隐藏　　　B. 删除　　　C. 冻结　　　D. 筛选

28. 如果字段"学号"的取值范围为 20130001~20139999，则下列选项中，错误的验证规则是(　　)。
   A. >=20130001 and <=20139999
   B. [学号]>=20130001 and [学号]<=20139999

C. 20130001<=[学号]<=20139999

D. 学号>=20130001 and 学号<=20139999

29. 以下列出的是关于参照完整性的叙述：
① 参照完整性是指在设定了表间关系后可随意更改用于建立关系的字段
② 参照完整性保证了数据在关系数据库管理系统中的安全性与完整性
③ 参照完整性在关系数据库中对于维护正确的数据关联是必要的
其中正确的是(　　)。
　　A. ①②③　　　　B. ①②　　　　C. ①③　　　　D. ②③

30. 在 Access 数据库中已经建立"tStudent"表，若要使"姓名"字段在数据表视图中显示时不能移动位置，应使用的方法是(　　)。
　　A. 排序　　　　B. 筛选　　　　C. 隐藏　　　　D. 冻结

31. 下列关于格式属性的叙述中，正确的是(　　)。
　　A. 格式属性影响字段在表中存储的内容
　　B. 可在需要控制数据的输入格式时选用
　　C. 可在需要控制数据的显示格式时选用
　　D. 可以设置自动编号型字段的格式属性

32. 若要求输入的数据具有固定的格式，应设置字段的属性是(　　)。
　　A. 格式　　　　B. 默认值　　　　C. 输入掩码　　　　D. 字段大小

33. 在 Access 数据库中已有"学生""课程"和"成绩"表，为了有效地反映 3 个表之间的联系，在创建数据库时，还应设置的内容是(　　)。
　　A. 表的默认视图　　B. 表的排序依据　　C. 表之间的关系　　D. 表的验证规则

34. 如果"考查成绩"字段的取值范围为大写字母 A~E，则下列选项中，错误的验证规则是(　　)。
　　A. >='A' And <='E'
　　B. [考查成绩]>= 'A' And [考查成绩]<= 'E'
　　C. 考查成绩 >= 'A' And 考查成绩 <= 'E'
　　D. 'A' <= [考查成绩] <= 'E'

35. 下列关于货币数据类型的叙述中，错误的是(　　)。
　　A. 货币型字段等价于具有双精度属性的数字型数据
　　B. 向货币型字段输入数据时，不需要输入货币符号
　　C. 向货币型字段输入数据时，不需要输入千位分隔符
　　D. 货币型与数字型数据混合运算后的结果为货币型

36. 在对表中记录排序时，若以多个字段作为排序字段，则显示结果是(　　)。
　　A. 按从左向右的次序依次排序　　　　B. 按从右向左的次序依次排序
　　C. 按定义的优先次序依次排序　　　　D. 无法对多个字段进行排序

37. 下列关于数据表的描述中，正确的是(　　)。
　　A. 数据表是使用独立的文件名保存的　　B. 数据表既相对独立，又相互联系
　　C. 数据表间不存在联系，完全独立　　　D. 数据表一般包含多个主题的信息

38. 下列关于输入掩码属性的叙述中，错误的是（   ）。
    A. 可以控制数据的输入格式并按输入时的格式显示
    B. 输入掩码只为文本型和日期/时间型字段提供向导
    C. 当为字段同时定义了输入掩码和格式属性时格式属性优先
    D. 文本型和日期/时间型字段不能使用合法字符定义输入掩码

39. 下列关于字段大小属性的叙述中，正确的是（   ）。
    A. 字段大小属性用于确定字段在数据表视图中的显示宽度
    B. 字段大小属性只适用于文本或自动编号类型的字段
    C. 文本型字段的字段大小属性只能在设计视图中设置
    D. 自动编号型的字段大小属性只能在设计视图中设置

40. 下列关于OLE对象的叙述中，正确的是（   ）。
    A. 用于处理超链接类型的数据   B. 用于存储一般的文本类型的数据
    C. 用于存储Windows支持的对象   D. 用于存储图像、音频或视频文件

41. 定义字段默认值的含义是（   ）。
    A. 该字段值不允许为空
    B. 该字段值不允许超出定义的范围
    C. 在未输入数据前，系统自动将定义的默认值显示在数据表中
    D. 在未输入数据前，系统自动将定义的默认值存储到该字段中

42. 在Access中，数据库的基础和核心是（   ）。
    A. 查询   B. 窗体
    C. 宏   D. 表

43. 若将文本字符串23、8、7按升序排序，则排序的结果是（   ）。
    A. 23、8、7   B. 7、8、23
    C. 23、7、8   D. 7、23、8

44. 如果要防止非法的数据输入数据表中，应设置的字段属性是（   ）。
    A. 格式   B. 索引   C. 验证文本   D. 验证规则

45. 在"查找和替换"对话框的"查找内容"文本框中，设置"ma[rt]ch"的含义是（   ）。
    A. 查找martch字符串
    B. 查找ma[rt]ch字符串
    C. 查找前两个字母为ma，第三个字母为r或t，后面字母为ch的字符串
    D. 查找前两个字母为ma，第三个字母不为r或t，后面字母为ch的字符串

46. 下列关于数据表的叙述中，正确的是（   ）。
    A. 表一般会包含一到两个主题的信息   B. 表的设计视图主要用于设计表结构
    C. 表是Access数据库的重要对象之一   D. 数据表视图只能显示表中的记录信息

47. 在Access数据库中已经建立了"教师"表，若在查询设计视图"教师编号"字段的"条件"行中输入条件：Like "[!T00009,!T00008,T00007]"，则查找出的结果为（   ）。
    A. T00009   B. T00008
    C. T00007   D. 没有符合条件的记录

2.10 实训项目

【实训目的及要求】

1. 掌握创建 Access 表对象的方法。
2. 掌握表的相关维护和操作方法。
3. 学会使用常用函数的用法。

【实训内容】

实训一

"实训一"文件夹下的"samp11.accdb"数据库文件中已建立两个表对象(名为"职工表"和"部门表")。请按以下要求,按顺序完成表的各种操作。

(1) 设置表对象"职工表"的"聘用时间"字段默认值为系统日期。

(2) 设置表对象"职工表"的"性别"字段的验证规则为"男或女";同时设置相应验证文本为"请输入男或女"。

(3) 将表对象"职工表"中编号为"000019"的员工的照片字段值设置为考生文件夹下的图像文件"000019.bmp"数据。

(4) 删除职工表中"姓名"字段中含有"江"字的所有员工纪录。

(5) 将表对象"职工表"导出到考生文件夹下的"samp.accdb"空数据库文件中,要求只导出表结构定义,将导出的表命名为"职工表 bk"。

(6) 建立当前数据库表对象"职工表"和"部门表"的表间关系并实施参照完整性。

实训二

在"实训二"文件夹下,"samp21.accdb"数据库文件中已建立表对象"tEmployee"。请按以下操作要求,完成表的编辑。

(1) 分析表的结构,判断并设置主键。

(2) 设置"年龄"字段的"验证规则"属性为非空且非负。

(3) 设置"聘用时间"字段的默认值为系统当前月的最后一天。

(4) 交换表结构中的"职务"与"聘用时间"两个字段的位置。

(5) 删除 1995 年聘用的"职员"信息。

(6) 在编辑完的表中追加以下一条新记录。

编号	姓名	性别	年龄	聘用时间	所属部门	职务	简历
000031	王涛	男	35	2004—9—1	02	主管	熟悉系统维护

实训三

在"实训三"文件夹下,"samp31.accdb"数据库文件中已建立两个表对象(名为"员工表"和"部门表")和一个窗体对象(名为"fEmp")。试按以下要求顺序,完成表及窗体的各种操作。

(1) 设置"员工表"的"职务"字段值的输入方式为从下拉列表中选择"经理""主管"或"职员"选项值。

(2) 分析员工的聘用时间，将截止到 2008 年，聘用期在 1 年(含 1 年)以内的员工的"说明"字段的值设置为"新职工"。

要求：以 2008 年为截止期判断员工的聘用期，不考虑月、日因素。比如，聘用时间在 2007 年的员工，其聘用期为 1 年。

(3) 将"员工表"的"姓名"字段中的所有"小"字改为"晓"。

(4) 将"员工表"中的信息导出到考生文件夹下，以文本文件形式保存，命名为 tTest.txt。要求各数据项间以逗号分隔。

(5) 建立"员工表"和"部门表"的表间关系并实施参照完整。

实训四

在"实训四"文件夹下有文本文件"tTest.txt"和数据库文件"samp41.accdb"，"samp41.accdb"中已建立表对象"tStud"和"tScore"。请按以下要求，完成表的各种操作。

(1) 将"tScore"表的"学号"和"课程号"两个字段设置为复合主键。

(2) 设置"tStud"表中的"年龄"字段的验证文本为"年龄值应大于16"；删除"tStud"表结构中的"照片"字段。

(3) 设置"tStud"表的"入校时间"字段验证规则为：只能输入 1 月(含)到 10 月(含)的日期。

(4) 设置表对象"tStud"的记录行的显示高度为 20。

(5) 完成上述操作后，建立表对象"tStud"和"tScore"的表间一对多关系并实施参照完整性。

(6) 将考生文件夹下的文本文件 tTest.txt 中的数据链接到当前数据库中。要求数据中的第一行作为字段名，将链接表对象命名为 tTemp。

实训五

在"实训五"文件夹下，存在一个数据库文件"samp51.accdb"、一个 Excel 文件"tScore.xls"和一个图像文件"photo.bmp"。在数据库文件中已经建立了一个表对象"tStud"。试按以下操作要求，完成各种操作。

(1) 设置"ID"字段为主键；设置"ID"字段的相应属性，使该字段在数据表视图中的显示标题为"学号"。

(2) 将"年龄"字段的默认值属性设置为表中现有记录学生的平均年龄值(四舍五入取整)，将"入校时间"字段的格式属性设置为"长日期"。

(3) 设置"入校时间"字段的验证规则和验证文本。验证规则为：输入的入校时间必须为 9 月；验证文本内容为"输入的月份有误，请重新输入"。

(4) 将学号为"20041002"学生的"照片"字段值设置为考生文件夹下的"photo.bmp"图像文件(要求使用"由文件创建"方式)。

(5) 将"政治面目"字段改为下拉列表选择，选项为"团员""党员"和"其他" 3 项。

(6) 将考生文件夹下的"tScore.xlsx"文件导入"samp51.accdb"数据库文件中，第一行包含列标题，表名同 Excel 文档的主文件名，主键为表中的"ID"字段。

实训六

在"实训六"文件夹下，存在一个数据库文件"samp61.accdb"，里边已经设计好了表对象"tDoctor""tOffice""tPatient"和"tSubscribe"。试按以下操作要求，完成各种操作。

(1) 分析"tSubscribe"数据表的字段构成，判断并设置其主键。设置"科室ID"字段的字段大小，使其与"tOffice"表中相关字段的字段大小一致。删除医生"专长"字段。

(2) 设置"tSubscribe"表中"医生ID"字段的相关属性，使其输入的数据只能为第1个字符为"A"，从第2个字符开始后三位只能是0~9的数字，并设置该字段为必填字段。设置"预约日期"字段的验证规则为：只能输入系统时间以后的日期。

要求：使用函数获取系统时间。

(3) 设置"tDoctor"表中"性别"字段的默认值为"男"，并设置该字段值的输入方式为从下拉列表中选择"男"或"女"选项。设置"年龄"字段的验证规则和验证文本，验证规则为：输入年龄必须在18岁和60岁之间(含18岁和60岁)，验证文本内容为："年龄应在18岁和60岁之间"。

(4) 设置"tDoctor"表的显示格式，使表的背景颜色为"褐色2"，网格线为"黑色"。设置数据表中显示所有字段。

(5) 通过相关字段建立"tDoctor""tOffice""tPatient"和"tSubscribe"四表之间的关系，并实施参照完整性。

实训七

在"实训七"文件夹下，存在一个数据库文件"samp71.accdb"。在数据库文件中已经建立了一个表对象"学生基本情况"。试按以下操作要求，完成各种操作。

(1) 在数据表视图中，将"学生基本情况"表中的所有字段显示出来。

(2) 将"学生基本情况"表名称更改为"tStud"，并设置表的主键字段，使其能够唯一标识表中的记录；设置"身份ID"字段的相应属性，使该字段在数据表视图中的显示标题为"身份证"。

(3) 在"家长身份证号"和"语文"两字段之间增加一个字段，名称为"电话"，类型为文本，大小为12，设置该字段输入掩码为：前四位固定为"010-"，后八位为数字。将"姓名"字段设置为有重复索引且必须有值。

(4) 在"tStud"表中增加一个字段，字段名为"总成绩"，字段值为"总成绩 = 语文 + 数学 + 外语"。计算结果的"结果类型"为"整型"，"格式"为"标准"，"小数位数"为0。

(5) 将"tStud"表拆分为两个新表，表名分别为"tStudent"和"tScore"。其中"tStudent"表结构为：编号、身份ID、姓名、家长姓名、家长身份证号、电话，"tScore"表结构为：编号、语文、数学、外语、总成绩。

要求：保留"tStud"表。

(6) 设置"tStudent"和"tScore"表之间的关系。

实训八

在"实训八"文件夹下，已有"samp81.accdb"数据库文件和"tCourse.xlsx"文件，"samp81.accdb"数据库文件中已建立表对象"tStud"和"tGrade"，试按以下要求，完成表的各种操作。

(1) 将考生文件夹下的"tCourse.xlsx"文件导入"samp81.mdb"数据库中，表名不变；按下图所示内容修改"tCourse"表的结构；根据"tCourse"表的字段构成，判断并设置主键。

字段名称	数据类型	字段大小	格式
课程编号	文本	8	
课程名称	文本	20	
学时	数字	整型	
学分	数字	单精度型	
开课日期	日期/时间		短日期
必修否	是/否		是/否
简介	备注		

(2) 设置"tCourse"表的"学时"字段的验证规则为：必须输入非空且大于等于 0 的数据。设置"开课日期"字段的默认值为本年度九月一日(要求：本年度年号必须由函数获取)。设置表的格式为：浏览数据表时，"课程名称"字段列不能移出屏幕，且网格线颜色为黑色。

(3) 设置"tStud"表的"性别"字段的输入方式为从下拉列表中选择"男"或"女"选项值；设置"学号"字段的相关属性为：只允许输入 8 位 的 0~9 的数字；将姓名中的"小"改为"晓"。

(4) 将"tStud"表中的"善于表现自己"的学生记录删除；设置表的验证规则为：学生的出生年份应早于(不含)入校年份；设置表的验证文本为：请输入合适的年龄和入校时间。

要求：使用函数获取有关年份。

(5) 在"tGrade"表中增加一个字段，字段名为"总评成绩"，字段值为"总评成绩 = 平时成绩*40%+考试成绩*60%"。计算结果的"结果类型"为"整型"，"格式"为"标准"，"小数位数"为 0。

(6) 建立三表之间的关系。

第 3 章

查询及其应用

前面章节讲述了在 Access 2016 中创建数据库并且正确存放数据的方法,但这不是数据库操作的最终目的。最终目的是通过对数据库的数据进行各种处理和分析,从中提取有用的信息。查询是 Access 处理和分析数据的重要工具,它能够把多个表中的数据提取出来,供使用者查看、更改和分析使用。为了更好地理解 Access 2016 的查询功能,本章详细介绍查询的概念、各种查询的建立和使用方法。

3.1 查询概述

查询是 Access 2016 数据库中的一个重要对象,一个 Access 查询不是数据记录的集合,而是操作命令的集合。创建查询后,保存的是查询的操作,查询的执行结果在屏幕上以数据表的形式显示数据,但查询本身并不包含数据,因为它是在执行查询时生成的虚拟表。

3.1.1 查询的功能

查询最主要的功能是根据指定的条件对表或者其他查询进行检索,筛选出符合条件的记录,构成一个新的数据集合,从而方便对数据表进行查看和分析。查询实际上是将分散的数据按照某种规则集中起来,形成一个动态集。查询的基本功能包括以下 6 项。

1. 选择字段

在查询中,可以只选择表中的部分字段。例如,建立一个查询,只显示"学生信息表"中的"学号""姓名"字段。利用查询,可以通过选择一个表的部分字段生成所需的其他表。

2. 选择记录

使用查询可以根据指定条件查找所需记录并显示找到的记录。例如,建立一个查询,只显示"学生信息表"中女生的记录。

3. 编辑记录

编辑记录主要包括添加记录、修改记录和删除记录等。例如,将全体学生的成绩提高 5%。

4. 进行计算

查询不仅可以找到满足条件的记录,还可以在查找过程中进行各种统计计算,也可以建立一个计算字段,保存计算结果。例如,统计各门课程的平均成绩。

5. 建立新表

利用查询得到的结果可以建立一个新表。例如,把所有女生的记录保存到一个新表中。

6. 为窗体、报表提供数据

为了从一个或多个表中选择合适的数据显示在窗体或报表中,可以先建立一个查询,然后将查询的结果作为窗体、报表的数据源。每次打开窗体或报表时,该查询就从它的基本表中检索出符合条件的最新的记录。

3.1.2 查询的类型

在 Access 2016 中,按照查询的操作方式和结果可将查询分为 5 种:选择查询、交叉表查询、参数查询、操作查询和 SQL 查询。

1. 选择查询

选择查询是最常用的一种查询,是根据指定条件从一个或多个表中获取数据并显示结果。也可使用选择查询对记录进行分组统计。如图 3-1 所示,我们可以从 student 表中选择所需要的"学号""姓名"和"性别"字段。图 3-2 所示为选择查询的结果。

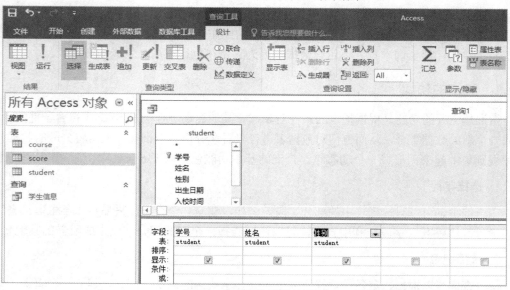

图 3-1 选择查询的设计视图

图 3-2　选择查询的数据表视图

2. 交叉表查询

交叉表查询利用行列来统计数据，实际上是一种对数据字段进行汇总计算的方法，一组列在数据表的左侧，一组列在数据表的上部，然后在行列交叉处显示表中某个字段的统计值。如图 3-3 所示，我们可以统计每个毕业院校的男、女生人数。图 3-4 所示为交叉表查询的结果。

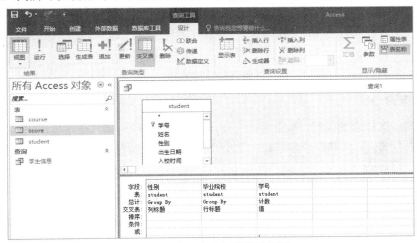

图 3-3　交叉表查询的设计视图

图 3-4　交叉表查询的数据表视图

3. 参数查询

参数查询是一种利用对话框提示输入条件的查询。这种查询根据用户输入的数据进行相应的查询，极大地提高了查询的灵活性。参数查询很多时候运用于窗体和报表中，可以很方便地显示和打印所需要的信息。执行参数查询时，屏幕会弹出对话框提示用户输入信息，如图 3-5 所示。

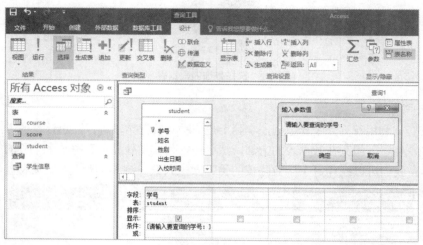

图 3-5 参数查询

4. 操作查询

操作查询与选择查询类似，都需要指定查询条件，但选择查询只是检索出满足条件的记录，并不对记录进行修改，而操作查询是在一次查询操作中对检索结果进行操作。操作查询有 4 种：生成表查询、追加查询、更新查询和删除查询。

5. SQL 查询

SQL 查询就是使用 SQL 语句来创建的一种查询。有些查询无法使用设计视图来创建，而必须使用 SQL 查询，SQL 查询更灵活，功能更强大。

3.2 查询向导和设计视图的操作

前面所讲的查询类型中很大一部分查询都可以用向导和设计视图来完成，但是这些查询只能完成比较简单的功能，对初学者来讲用向导和设计视图来完成查询比较容易实现。我们仍然根据查询类型来给大家讲解查询向导和设计视图的使用。

3.2.1 创建选择查询

选择查询就是从一个或多个表中获取数据。在实际应用中选择查询是多种多样的，有带条件的，也有不带条件的，都只是简单地把表中记录的全部或部分字段显示出来。我们将以实例的方式给大家讲解带条件和不带条件这两方面的选择查询。本节将介绍不带条件的选择查询，带条件的选择查询将在 3.2.2 节进行介绍。

【例 3-1】创建一个名为"学生部分信息"的查询，查找并显示"student"表中学生的"学号""姓名""入校时间""毕业院校"4 个字段。

方法一：使用向导完成，具体操作步骤如下。

(1) 在"学生成绩管理"数据库窗口中，单击"创建"选项卡的"查询"组中的"查询向导"按钮，弹出"新建查询"对话框，如图 3-6 所示。

(2) 选择"简单查询向导"选项，单击"确定"按钮后，弹出"简单查询向导"的第一个对话框，如图 3-7 所示。

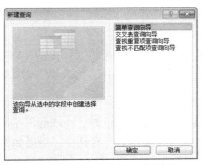

图 3-6　"新建查询"对话框

图 3-7　"简单查询向导"的第一个对话框

(3) 在"简单查询向导"对话框中，单击"表/查询"下拉按钮，从显示的下拉列表中选择"表：student"。这时"可用字段"列中显示了"student"表中的全部字段，双击所需要的字段添加到"选定字段"列表框中，如图 3-8 所示。

(4) 添加字段完成后，单击"下一步"按钮，打开下一个对话框。在该对话框的"请为查询指定标题"文本框中输入"学生部分信息"。如果要打开查询看结果，则选择"打开查询查看信息"单选按钮；如果要修改查询设计，则选择"修改查询设计"单选按钮。在这里我们选择"打开查询查看信息"单选按钮，如图 3-9 所示。

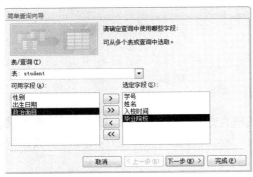

图 3-8　添加字段

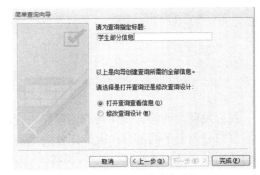

图 3-9　指定标题

(5) 单击"完成"按钮，这时 Access 2016 就开始建立查询，并将查询结果显示在屏幕上，如图 3-10 所示。

方法二：使用设计视图完成，具体操作步骤如下。

(1) 在"学生成绩管理"数据库窗口中，单击"创建"选项卡的"查询"组中的"查询设计"按钮 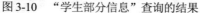，屏幕上出现"查询设计器"界面并弹出"显示表"对话框，要求添加数据源，如图 3-11 所示。

图 3-10 "学生部分信息"查询的结果   图 3-11 "显示表"对话框

(2) "显示表"对话框中有 3 个选项卡，分别表示数据源的来源类型是"表""查询"和"两者都有"，在这里我们选择"表"选项卡。然后双击"student"，这时"student"字段列表都添加到查询设计视图的上半部分，单击"关闭"按钮，关闭"显示表"对话框，结果如图 3-12 所示。

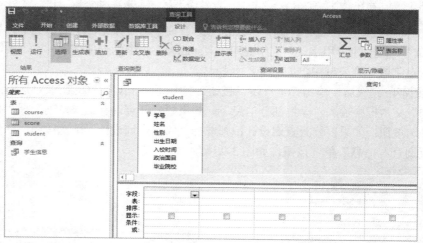

图 3-12 查询设计视图

我们发现查询设计视图与查询向导比较，查询种类更多一些，设置查询更灵活。查询设计视图窗口分为上下两部分：上半部分为"字段列表"区，下半部分为"设计网格"区(其中，各行的作用如表 3-1 所示)。

表 3-1 查询中"设计网格"区各行的作用

行的名称	作　用
字段	设置定义查询对象时要选择表对象的哪些字段
表	设置字段的来源
总计	设置字段在查询中的运算方法

(续表)

行的名称	作用
排序	定义字段的排序方式
显示	设置字段是否在查询结果中显示出来
条件	设置字段的限制条件
或	设置"或"条件来限定记录的选择

注意：总计行只有在查询中进行计算时才会出现。

(3) 在"字段"列表中选择字段并放到"设计网格"的"字段"行上。方法有3种：一是双击选定字段；二是单击某字段，然后按住鼠标左键不放将其拖到"设计网格"的"字段"行上；三是单击"设计网格"中"字段"行上要放置字段的列，然后单击右侧的下拉按钮，从下拉列表里选择需要的字段名称。在这里我们可以选择其中任意一种方式来完成字段的添加，结果如图3-13所示。

图3-13 在"字段"列表中选择字段并放到"设计网格"的"字段"行上

从图3-13中我们发现两点：一是"查询工具"的"设计"选项卡的"查询类型"组中选择的是"选择"按钮；二是"设计网格"中"显示"行上的复选框都打上了✓，表示对应字段要在查询结果中显示出来，如果复选框是空白的则不显示。

(4) 在"查询工具"的"设计"选项卡的"结果"组中单击"运行"按钮，则查询结果显示在窗口中，如图3-14所示。

(5) 单击快速访问工具栏上的"保存"按钮，在出现的"另存为"对话框中的"查询名称"文本框中输入"学生部分信息"，然后单击"确定"按钮进行保存，如图3-15所示。

图3-14 查询结果   图3-15 "另存为"对话框

3.2.2 创建带条件的选择查询

在例 3-1 中我们了解了不带条件的选择查询，但往往很多时候我们需要设置查询条件才能实现查询结果。下面我们介绍如何创建带条件的选择查询。首先我们要知道查询条件是什么？查询条件是运算符、常量、字段值、函数以及字段名和属性等的任意组合，能够计算出一个结果。查询条件在建立带条件的查询时经常用到，因此了解条件的组成，掌握它的书写方法非常重要，下面我们举例说明，如表 3-2 所示。

表 3-2 查询条件举例

字段名称	条件	功能
毕业院校	"北京五中"or"清华附中" In("北京五中","清华附中")	查询毕业院校是"北京五中"或"清华附中"的学生记录
姓名	Like"刘*" Left([姓名],1)= "刘" Mid([姓名],1,1)= "刘" Instr([姓名],"刘")=1	查询姓"刘"的学生记录
出生日期	Year(date())-year([出生日期])<=20 Date()-[出生日期]<=20*365	查询 20 岁及以下的记录
	Year([出生日期])=1998 Between #1998-1-1# and #1998-12-31#	查询 1998 年出生的记录
成绩	Is null	查询选修了课程，但是没有成绩的学生记录

【例3-2】创建一个名为"女生信息"的查询，查找"student"表中所有女生的记录。
我们用设计视图来完成，因为查询条件部分我们只能在设计视图界面下才能完成。

(1) 打开设计视图，添加表及表中的字段，步骤与例 3-1 中方法二的步骤(1)(2)(3)是完全一样的，我们在这里就不重复说明了，选好的字段结果如图 3-16 所示。

(2) 在"性别"字段的"条件"单元格中输入条件："女"，结果如图 3-17 所示。

图 3-16 选取字段

图 3-17 输入查询条件

(3) 单击"运行"按钮，运行并查看显示结果，然后进行保存，并把查询名称改为"女生信息"。

【例3-3】创建一个名为"部分女生"的查询,查找"student"表中所有毕业于北京五中的女生的记录。

分析:我们发现例3-3比例3-2只多了一个查询条件:毕业院校为"北京五中",我们只需要多增加一个查询条件,就可以完成多条件查询,查询条件的设置如图3-18所示,结果如图3-19所示。

图3-18　查询条件的设置

图3-19　查询结果

3.2.3　创建交叉表查询

交叉表查询可利用向导完成,也可以用设计视图完成,用于显示表中某个字段的汇总值,包括总计、计数和平均值等,并将其分组,一组列在数据表的左侧,一组列在数据表的上部。交叉表查询运行的显示形式是数据表转置后形成的表,类似于Excel中的数据透视表。

【例3-4】创建一个名为"学生人数"的查询,查找"student"表中各个毕业院校不同性别的人数。

方法一:使用向导完成,具体操作步骤如下。

(1) 单击"创建"选项卡的"查询"组中的"查询向导"按钮,在弹出的"新建查询"对话框中选择"交叉表查询向导",如图3-20所示。

(2) 单击"下一步"按钮,在打开的"交叉表查询向导"对话框中选择"表:student",如图3-21所示,单击"下一步"按钮。

图3-20　"新建查询"对话框

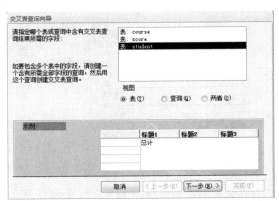

图3-21　"交叉表查询向导"对话框

(3) 在弹出的对话框中选择交叉表的行标题:"毕业院校",如图3-22所示,行标题最多可以选3个;选择列标题:"性别",如图3-23所示。

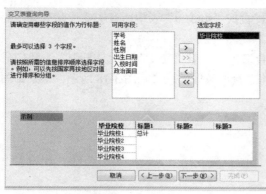

图 3-22　确定行标题字段　　　　　　图 3-23　确定列标题字段

（4）选择参与计算的字段："学号"，计算方法是"计数"，选中"是，包含各行小计"复选框，如图 3-24 所示，单击"下一步"按钮。

（5）在打开的对话框中为查询命名。在"请指定查询的名称"文本框中输入"学生人数"，如图 3-25 所示，单击"完成"按钮，交叉表在生成后将自动打开，如图 3-26 所示。

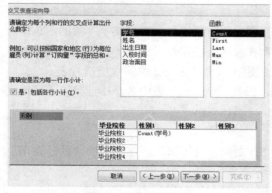
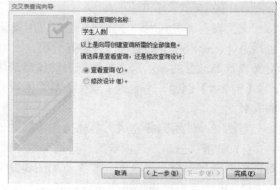

图 3-24　确定值字段　　　　　　　　图 3-25　输入查询名称

图 3-26　交叉表查询结果

使用"交叉表查询向导"来建立交叉表查询比较简单、方便，但是有一个缺点：所使用的字段必须来自同一个表或查询，这样在实际应用中是非常麻烦的，如果字段不在同一个表或查询中，我们可以使用设计视图来创建查询。

方法二：使用设计视图完成，具体操作步骤如下。

(1) 打开设计视图，添加表，此处就不再赘述了，具体方法可以参考例 3-1 中方法二的步骤(1)和(2)。

(2) 把"student"表添加之后，单击"查询类型"组中的"交叉表"按钮，将"毕业院校""性别""学号"分别添加到"设计网格"的对应列中并进行相应的设置，如图 3-27 所示。

图 3-27　设置交叉表的行标题、列标题和值

(3) 单击"运行"按钮，查看查询结果，如图 3-28 所示，保存查询并命名为"学生人数"。

【例 3-5】创建一个名为"学生成绩"的查询，使其显示每个学生每门课程的成绩。

分析：我们发现学生的"姓名"在"student"表中，学生的"成绩"在"score"表中，"课程名"在"course"表中，我们以"姓名"作为行标题，"课程名"作为列标题，"成绩"作为值字段，那么需要把这 3 个表连接起来，因此只能用设计视图来完成交叉表的查询。

操作步骤如下。

(1) 打开设计视图并添加表，然后将 3 个表建立关联，如图 3-29 所示。

图 3-28　"学生人数"查询结果

图 3-29　添加表并建立关联

(2) 余下的步骤就和例 3-4 一样了，添加字段到"设计网格"的行上，设置行标题、列标题和值字段，如图 3-30 所示，然后进行保存，查询结果如图 3-31 所示。

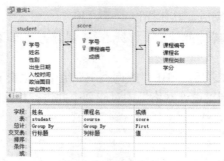

图 3-30　字段的设置

学生成绩

姓名	操作系统	高等数学	汇编语言	计算机原理	数据库系统	专业英语
毕进宇		76		72		82
陈风			57		80	82
陈皓		87		56		
陈建平		66		55		
陈进						82
陈文欣		81		75		67
戴桂兰		45		78		
刁政		81		92		83
董国庆		67		76		
富颖		72		56		78
郝建设		67.5		77		
何鸣宇		88		72		56

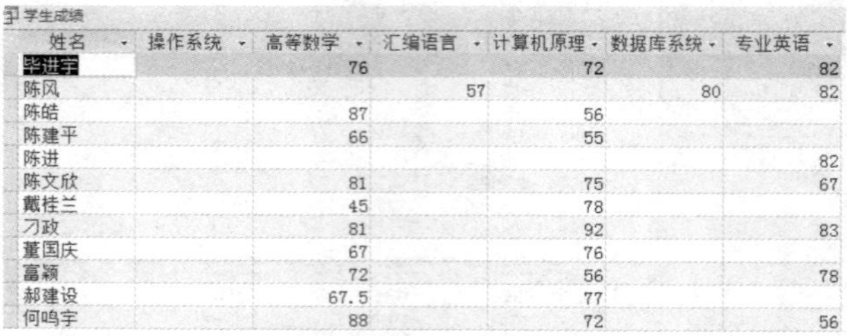

图 3-31　“学生成绩”查询结果

3.2.4　创建参数查询

前面我们介绍的两种查询，查询条件都是固定的，如果希望使用某些字段的不同值来进行查询，则要反复地修改设计视图中的查询条件，这样就为用户带来了很大的麻烦。为了更方便地进行查询，Access 2016 提供了参数查询。

参数查询是利用对话框，提示输入参数并检索符合所输参数的记录，可以建立一个参数提示的单参数查询，也可以建立多个参数提示的多参数查询。我们分别用两个实例来进行说明。

【例 3-6】 创建一个名为“按学号查询”的参数查询，显示某个学生的全部信息。

分析：这里很明显是一个单参数查询，只需要输入学号的具体值，根据输入的学号值进行查询即可。我们用设计视图来实现，具体步骤如下。

(1) 打开设计视图，添加“student”表。

(2) 在“字段”行上添加所有的字段，在“学号”字段的“条件”单元格中输入：[请输入学生学号：]，如图 3-32 所示。

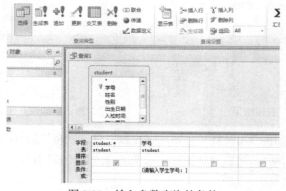

图 3-32　输入参数查询的条件

(3) 单击"运行"按钮，出现"输入参数值"对话框，输入参数值，如图 3-33 所示，单击"确定"按钮，查看查询结果，如图 3-34 所示。

图 3-33 "输入参数值"对话框

从图 3-33 中可以看出，对话框中的提示文字就是我们在"学号"字段的"条件"单元格中输入的内容。按照需要输入查询条件，如果条件有效，查询结果中就会显示出所有满足条件的记录，否则将不显示任何数据。

图 3-34 "按学号查询"查询结果

【例 3-7】创建一个名为"多参数查询"的查询，要求按照某毕业院校某课程名称进行查询，并显示学生的姓名、毕业院校、课程名、成绩。

分析：这里很明显是一个多参数查询，需要输入毕业院校的具体值和课程名的具体值，根据输入毕业院校的具体值和课程名的具体值进行查询。我们用设计视图来实现，具体步骤如下：

(1) 打开设计视图，添加表"student""score"和"course"，添加字段到"设计网格"的"字段"行上，如图 3-35 所示。

(2) 在"毕业院校"字段的"条件"单元格中输入：[请输入毕业院校：]。在"课程名"字段的"条件"单元格中输入：[请输入课程名：]，结果如图 3-36 所示。

图 3-35 添加字段　　　　　　　　图 3-36 输入查询条件

(3) 单击"运行"按钮，出现"输入参数值"对话框，在文本框中输入具体值。具体输入如图 3-37 和图 3-38 所示。

图 3-37 输入"毕业院校"的参数值　　　　图 3-38 输入"课程名"的参数值

(4) 参数值输入完成后，单击"确定"按钮，这时可以看到相应的查询结果，然后进行保存，如图 3-39 所示。

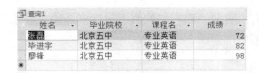

图 3-39　多参数查询结果

3.2.5　在查询中进行计算

前面我们讲的查询只是获取满足条件的记录，但是在实际应用中，往往要求产生计算结果。那么在查询中如何对数据进行计算呢？在查询时可以利用查询设计视图中的设计网格中的"总计"行进行各种统计，常见的计算有求和、计数、求最大值、求最小值和求平均值等。

1. 总计选项

单击"查询工具"的"设计"选项卡的"显示/隐藏"组中的"汇总"按钮，可以在设计网格中显示"总计"行。对设计网格中的每个字段都可以在"总计"行中选择所需选项来对查询中的全部记录、一条记录或多条记录进行计算。"总计"行中共有 12 个选项，其名称和功能如表 3-3 所示。

表 3-3　总计选项

分类	名称	功能
函数	总计(Sum)	求某个字段的累加值
	平均值(Avg)	求某个字段的平均值
	最小值(Min)	求某个字段的最小值
	最大值(Max)	求某个字段的最大值
	计数(Count)	求某个字段中的非空值数
	标准差(StDev)	求某个字段值的标准偏差
	变量(Var)	设置某字段为变量
其他选项	分组(Group By)	指定进行数值汇总的分类字段
	第一条记录(First)	求在表或查询中的第一条记录的字段值
	最后一条记录(Last)	求在表或查询中的最后一条记录的字段值
	表达式(Expression)	创建表达式中包含统计函数的计算字段
	条件(Where)	设置分组条件以便选择记录

2. 总计查询

在建立查询时，有时我们可能关心的是记录统计的结果，而不是表中的记录，比如统计人数，我们仍然以实例给大家进行讲解。

【例 3-8】创建一个名为"学生总数"的查询统计学生人数。

分析：在这个查询中，我们并不关心表中的记录信息，只关心人数，因此要用到"总计"查询。

具体步骤如下。

(1) 打开查询设计视图，添加"student"表，添加"学号"字段到设计网格中的"字段"行上。

(2) 在"查询工具"的"设计"选项卡的"显示/隐藏"组中单击"汇总"按钮，这时设计网格中显示"总计"行，并自动将"学号"字段的"总计"单元格设置为"Group By"，如图3-40 所示。

(3) 单击"学号"字段的"总计"单元格，并单击其右边的下拉按钮，然后从弹出的下拉列表中选择"计数"选项，如图 3-41 所示。

图 3-40　添加字段并进行总计计算

图 3-41　选择"计数"选项

(4) 单击"运行"按钮，结果如图 3-42 所示，单击"保存"按钮保存此查询。

【例 3-9】创建一个名为"2018 年入学的学生总数"的查询，统计 2018 年入学的学生人数。

分析：在这个查询中，我们要在满足条件的基础上进行统计计算，因此不仅要用到"条件"查询，还要用到"总计"查询。

具体步骤如下。

(1) 打开查询设计视图，添加"student"表，添加字段"学号""入校时间"到设计网格中的"字段"行上。

(2) 在"查询工具"的"设计"选项卡的"显示/隐藏"组中单击"汇总"按钮，这时设计网格中显示"总计"行，并自动将"学号""入校时间"字段的"总计"单元格设置为"Group By"，如图 3-43 所示。

图 3-42　查询结果

图 3-43　添加字段并进行总计计算

(3) 单击"学号"字段的"总计"单元格，并单击其右边的下拉按钮，然后从弹出的下拉列表中选择"计数"，在"入校时间"字段的"总计"单元格下拉列表中选择"Where"，并在"条件"行中输入条件：Between#2018-1-1# And #2018-12-31#。"入校时间"在总计中作为条件时不能显示出来，因此显示的复选框处于未选中状态，如图 3-44 所示。

(4) 单击"运行"按钮，结果如图 3-45 所示，单击"保存"按钮保存此查询。

图 3-44　总计选项和查询条件　　　　　图 3-45　2018 年入学的学生人数

【例 3-10】创建一个名为"男女生人数"的查询，统计男生、女生各多少人。

分析：在这个查询中，我们要用到分组统计，以"性别"字段分组，分别统计各自的学号数目。

具体步骤如下。

(1) 打开设计视图，添加"student"表，添加字段"学号""性别"到设计网格中的"字段"行上。

(2) 在"查询工具"的"设计"选项卡的"显示/隐藏"组中单击"汇总"按钮，这时设计网格中显示"总计"行，并自动将"学号""性别"字段的"总计"单元格设置为"Group By"。

(3) 单击"学号"字段的"总计"单元格，并单击其右边的下拉按钮，然后从弹出的下拉列表中选择"计数"，在"性别"字段的"总计"单元格下拉列表中选择"Group By"，如图 3-46 所示。

(4) 单击"运行"按钮，结果如图 3-47 所示，单击"保存"按钮保存此查询。

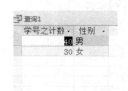

图 3-46　分组统计　　　　　　　　图 3-47　分组统计结果

3. 添加计算字段

前面介绍了如何利用总计项来进行汇总查询，但是有时查询的数据在表中没有相应的字段，或者用于计算的数据值来源于多个字段，这时就需要在设计网格中添加一个计算字段。

【例 3-11】创建一个名为"入学年数"的查询，统计每个学生入学的年数，要求显示结果为姓名、入学年数。

分析：在这个查询中，我们发现"入学年数"这个字段在"student"表中是没有的，是通过计算"入校时间"得来的，因此在"字段"行上我们要用表达式进行计算并修改名称。

具体步骤如下。

(1) 打开设计视图，添加"student"表，添加字段"学号""入校时间"到设计网格中的"字段"行上。

(2) 在"入校时间"的"字段"行上的单元格中输入"入学年数：year(date())-year([入校时间])"，如图 3-48 所示。

(3) 单击"运行"按钮，结果如图 3-49 所示，单击"保存"按钮保存此查询。

图 3-48　计数字段

图 3-49　"入学年数"查询结果

3.2.6　创建操作查询

操作查询用于对数据库进行复杂的数据管理操作，可以根据需要利用操作查询在数据库中增加一个新表对数据库中的数据进行增加、删除和修改等操作。也就是说操作查询不像我们前面介绍的几种查询只是对数据的查看，浏览满足条件的记录，而是可以对满足条件的记录进行更改。

操作查询包括生成表查询、删除查询、更新查询和追加查询 4 种，下面我们举例进行讲解。

1. 生成表查询

生成表查询是利用从一个或多个表中提取的数据来创建新表的一种查询。这种由表生成查询，再由查询生成表的方法，使得数据的组织更加灵活、方便。生成表查询所创建的表继承源表的字段数据类型，但是并不能继承源表的字段属性及主键设置。

【例 3-12】生成一个表名为"优秀学生信息"的查询，要求生成表的内容为学生成绩在 90 分以上的学生信息，结果字段为学号、姓名、课程名、成绩。

分析：在这个查询中，我们需要生成一个满足条件的表，表内的字段值分别在不同的 3 个表中。

具体步骤如下。

(1) 打开设计视图，添加表"student""score"和"course"，添加字段"学号""姓名""课程名"和"成绩"到设计网格中的"字段"行上。

(2) 在"成绩"字段的"条件"行的单元格中输入">90"，如图 3-50 所示。

(3) 单击"查询工具"的"设计"选项卡的"查询类型"组中的"生成表"按钮，弹出"生成表"对话框，在"表名称"文本框中输入"优秀学生信息"，选中"当前数据库"单选按钮，将新表放在当前打开的数据库中，单击"确定"按钮，如图 3-51 所示。

(4) 单击“运行”按钮，查看结果，可以看到左侧导航栏中多了一个“优秀学生信息”表，结果如图 3-52 所示。

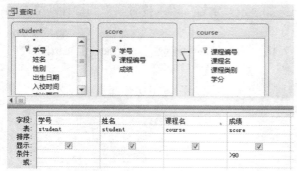

图 3-50　生成表查询的设置

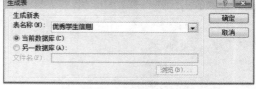

图 3-51　“生成表”对话框

优秀学生信息

学号	姓名	课程名	成绩
2016102112	史晨曦	高等数学	91
2018102315	薛巍	高等数学	92
2017102208	刁政	计算机原理	92
2018102301	于红	计算机原理	92
2018102307	靳晖	计算机原理	92
2018102317	廖锋	专业英语	98
2017102213	张京红	专业英语	92
2019101104	张进	数据库系统	92

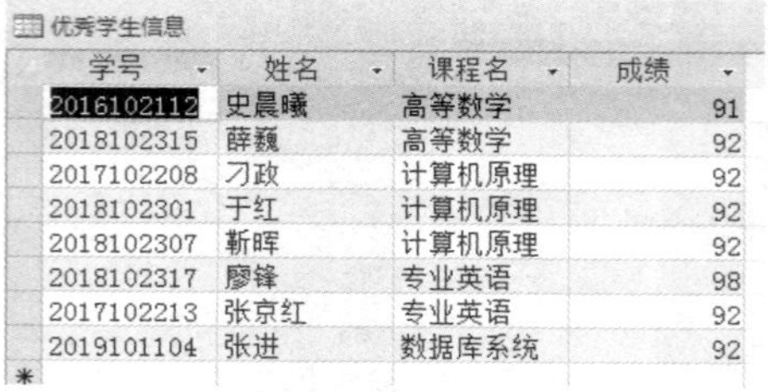

图 3-52　“优秀学生信息”表

2. 删除查询

删除查询是从一个或多个表中删除符合条件记录的一种查询。如果删除的记录来自多个表，必须已经定义了相关表之间的关联，并且在“编辑关系”对话框中选中“实施参照完整性”复选框和“级联删除相关记录”复选框，这样就可以在相关联的表中删除记录了。

需要注意的是，删除查询将永久删除满足条件的记录，并且无法恢复。因此我们在执行删除操作时要慎重，建议大家最好把要删除记录的表复制一份以备不时之需。

【例 3-13】 创建一个删除查询，将毕业院校为“汇文中学”的学生删除。

分析：在这个查询中，我们需要删除满足条件的记录。

具体步骤如下。

(1) 打开设计视图，添加“student”表，添加全部字段到设计网格中的“字段”行上。

(2) 在“毕业院校”字段的“条件”行的单元格中输入“汇文中学”，单击“查询类型”组中的“删除”按钮，设计网格中会出现“删除”行，如图 3-53 所示。

(3) 单击“运行”按钮查看结果并保存此查询。

3. 更新查询

在数据表视图中可以对记录进行修改，但当需要修改符合一定条件的批量记录时，使用更新查询是更有效的方法，它能对一个或多个表中的记录进行批量修改。

图 3-53 删除查询设计视图

【例 3-14】创建一个更新查询,将政治面貌为"党员"的学生成绩加 5 分。

分析:在这个查询中,我们需要更新满足条件的记录字段"成绩"。具体步骤如下:

(1) 打开设计视图,添加表"student"和"score"。

(2) 单击"查询类型"组中的"更新"按钮,设计网格中会出现"更新到"行。在第 1 列"字段"单元格内选择"成绩"字段,并在"更新到"行上的单元格中输入"[成绩]+5";在第 2 列"字段"单元格内选择"政治面貌"字段,并在"条件"行的单元格中输入"党员",如图 3-54 所示。

(3) 单击"运行"按钮查看结果并保存此查询。

图 3-54 更新查询设计视图

4. 追加查询

追加查询将一个或多个表中符合条件的记录追加到另一个表的尾部。

【例 3-15】创建一个追加查询,将成绩在 80~90 这个分数段的学生信息追加到"优秀学生信息"表中。

分析:在这个查询中,我们首先要打开"优秀学生信息"表,查看里面的字段有哪些,然后我们再找到满足条件的记录,最后追加到表中。

具体步骤如下。

(1) 打开设计视图，添加表"student""score"和"course"。

(2) 单击"查询类型"组中的"追加"按钮，这时弹出"追加"对话框，在"追加"对话框中的"表名称"下拉列表中选择"优秀学生信息"，单击"确定"按钮，如图3-55所示。

图3-55 "追加"对话框

(3) 设计网格中出现"追加到"行。我们先把"追加到"行上的字段一一选出来，再在"字段"行上选取字段分别与"追加到"行上的字段相匹配。在"成绩"字段的"条件"行的单元格中输入"Between 80 And 90"，如图3-56所示。

(4) 单击"运行"按钮查看结果并保存此查询。

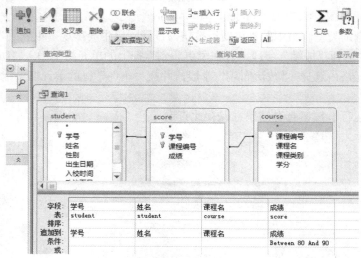

图3-56 追加查询的设置

说明：

(1) 待追加的字段与"追加到"字段的名称可以不一致，但类型应相同或兼容。

(2) 追加操作不应破坏数据的完整性约束。

(3) 待追加的字段数可以少于目的表的字段数，但追加到目的表的主键的字段不能省略，追加到外键字段的值也必须是有效值。

3.3 创建 SQL 查询

前面我们介绍了使用向导和设计视图来创建查询，用户会觉得比较方便也容易理解，但是一些比较复杂的查询，我们用前面两种方式都无法实现。其实查询的实质是 SQL 命令，不管是何种查询最终保存在数据库中仍以 SQL 命令的方式保存，我们只需要打开任何一个查询的查询设计视图，将视图切换到 SQL 视图就可以看到 SQL 代码。

3.3.1 SQL 查询语言概述

SQL 的英文全称是 Structured Query Language，意思是结构化查询语言，它是一种数据库共享语言，可用于定义、查询、更新、管理关系数据库系统。SQL 的最大特点是易学易懂，它的 30 多条语句由近似自然语言的英语单词组成，是一种非过程语言。我们在这里主要给大家讲解 SQL 语言的 Select 语句，它主要实现查询功能。例如，要显示"student"表中的所有信息，则 SQL 命令如下：

Select * from student

我们现在来讨论 Select 语句的基本语法：

Select 字段列表
　　[into 新表]
　　　　from 记录源
　　　　　　[where <条件表达式>]
　　　　　　　　[group by <分组表达式>]
　　　　　　　　　　[having <分组条件表达式>]
　　　　　　　　　　　　[order by 字段列表[desc|asc]]

说明：

(1) [ ]中的内容表示可选项，< >中的内容表示必选项，| 表示任选其一。

(2) Select 语句的书写没有很严格的要求，可以写在一行，也可以分多行写，语句最后以";"结束，也可以不写";"。语句中的英文字母不分大小写。

(3) Select 语句的语法格式中，基本部分是"select 字段列表"和"from 记录源"。字段列表可以是表中的字段，也可以是计算表达式；记录源可以是表，也可以是查询。

(4) Where 子句后面带查询条件或者连接条件，可以实现对记录的筛选，也可以实现多表连接。

(5) Group by 子句实现分组统计，Group by 子句后面可以带 having 短语，也可以不带，having 的作用类似于 where，能对分组后的数据进行再筛选。如果出现 having 短语，则必须有 Group by 子句。

(6) Order by 子句用于对查询的结果进行排序。默认的排序方式为升序，asc 表示升序，可以省略不写，desc 表示降序。

下面我们将用实例对 Select 语句的作用和各个子句进行逐一介绍。

3.3.2 基本查询

基本查询一般指基于单一记录源的查询，即被查询的对象是一个表或者是一个已经存在的查询。在 Access 2016 中没有提供直接进入 SQL 视图的方法，需要先进入查询设计视图(不选择表)，再通过单击"设计"选项卡"结果"组中的"SQL 视图"按钮进入 SQL 视图。

1. 选取记录源的全部或部分字段

Select * 通常用于快速查看表中的记录。当对表的结构无法确切记忆时，或要快速查看表中的记录时，使用 Select * 是很方便的。

【例 3-16】输出"student"表中的全部字段，并将查询保存为"学生信息"。

具体步骤如下：

(1) 进入 SQL 视图，输入如下 SQL 命令：

```
Select * from student
```

(2) 完成后单击"设计"选项卡的"结果"组中的"运行"按钮，显示结果如图 3-57(a) 所示。

(3) 将本查询保存为"学生信息"。单击"设计"选项卡的"结果"组中的"视图"下拉按钮，在出现的下拉列表中选择"设计视图"命令，可以发现 SQL 命令自动形成相应的设计视图，如图 3-57(b)所示。

图 3-57(a)　SQL 命令执行结果　　　图 3-57(b)　与 SQL 命令对应的设计视图

很多时候并不需要将所有列的数据都显示出来，只显示所需要的列。

【例 3-17】以例 3-16 所建的"学生信息"查询为记录源，显示其中的学号、姓名、毕业院校。

SQL 语句如下：

```
select 学号,姓名,毕业院校 from 学生信息
```

结果如图 3-58 所示。

图 3-58　SQL 命令执行结果

说明：

(1) 字段名之间的","必须是英文字符，除了汉字在中文输入法状态下输入以外，其余的符号都必须在英文输入法状态下输入。

(2) 如果修改"学生信息"查询的名称,那么本查询引用的记录源名也将自动更新。
(3) 作为记录源不能被删除,否则系统会提示错误。
(4) 当真正的记录源"student"表中的数据更新时,查询的执行结果也会自动更新。

2. 对记录进行选择

使用 where 子句可对记录进行选择。where 子句根据某个表达式或某些字段的值进行过滤,最后筛选出符合条件的记录。

where 子句的基本语法为:

```
where <条件表达式>
```

【例 3-18】在"student"表中显示所有女生的记录。
SQL 语句为:

```
select * from student
     where 性别="女"
```

【例 3-19】在"student"表中查找 1998 年出生的学生,并显示其学号、姓名、出生日期。
方法一:SQL 语句为:

```
select 学号,姓名,出生日期 from student
where 出生日期>=#1998-1-1# and 出生日期<=#1998-12-31#
```

方法二:SQL 语句为:

```
select 学号,姓名,出生日期 from student
where 出生日期 between #1998-1-1# and #1998-12-31#
```

方法三:SQL 语句为:

```
select 学号,姓名,出生日期 from student
where year([出生日期])=1998
```

【例 3-20】在"student"表中查找毕业院校为北京五中和北京二中的学生。
方法一:SQL 语句为:

```
select * from student
where 毕业院校="北京五中" or 毕业院校="北京二中"
```

方法二:SQL 语句为:

```
select * from student
where 毕业院校 in("北京五中","北京二中")
```

【例 3-21】在"student"表中查找所有姓李的学生记录。
方法一:SQL 语句为:

```
select * from student
where 姓名 like "李*"
```

方法二:SQL 语句为:

```
select * from student
where left([姓名],1)="李"
```

方法三：SQL 语句为：

```
select * from student
where mid([姓名],1,1)= "李"
```

方法四：SQL 语句为：

```
select * from student
where instr([姓名], "李")=1
```

3. 将记录排序输出

排序的关键字是 Order by，默认状态下是升序，关键字是 Asc。降序排列的关键字是 Desc。排序字段可以是数值型，也可以是字符型、日期/时间型。

【例 3-22】在“student”表中按性别升序，年龄按降序排序，并显示学号、姓名、性别、年龄。

SQL 语句为：

```
select 学号,姓名,性别,year(date())-year([出生日期]) as 年龄 from student order by 性别,
year(date())-year([出生日期]) desc
```

我们发现 order by 子句后面太长了，不方便书写和阅读，我们可以把表达式换成对应列的列号，可以写成：

```
order by 3,4 desc
```

结果如图 3-59 所示。

查询1

学号	姓名	性别	年龄
2019103103	张军	男	18
2018102313	张劲肇	男	18
2019103101	张成	男	18
2019101105	张保国	男	18
2019102104	舒华	男	18
2019103105	臧天朔	男	18
2019102105	陈进	男	17
2016102112	史晨曦	女	31
2016102108	胡珊珊	女	22
2017102212	尹航	女	22
2016102103	卢骁	女	21
2017102202	陈文欣	女	21
2016102111	戴桂兰	女	21
2016102115	王莹	女	21

图 3-59　排序输出结果

3.3.3　复杂查询

在实际的查询操作中，常常需要组合两个或多个表中的字段，以备查询。这就需要我们把多表连接起来，我们可以通过表与表之间共同的字段进行关联。

连接数据表的方式有两种：一种是通过 where 子句来实现，一种是通过 join 子句来实现。

【例 3-23】输出每个学生每门课程的成绩，显示结果为学号、姓名、课程名、成绩。

分析：显示结果中的字段分别在“student”“course”和“score”这 3 个表中，因此我们要把这 3 个表连接起来。

方法一：用 where 子句实现，SQL 语句为：

```
select student.学号,姓名,课程名,成绩 from student,course, score
where student.学号=score.学号 and score.课程编号=course.课程编号
```

方法二：用 join 子句实现，SQL 语句为：

```
select student.学号, 姓名, 课程名, 成绩
    from course inner join (student inner join score on student.学号 = score.学号) on course.课程编号 = score.课程编号
```

1. 与别名一起使用的统计函数

在实际编程中，有时需要知道所有记录中某项值的总和、平均值、最大值等，这时就要用到统计函数查询。常用的统计函数有以下 6 个，COUNT(*)：统计选择的记录的个数，COUNT()：统计特定列中值的个数，SUM()：计算总和(必须是数值型字段)，AVG()：计算平均值(必须是数值型字段)，MAX()：确定最大值，MIN()：确定最小值。

在使用统计函数时，还要注意 COUNT()、SUM()、AVG()可以使用 DISTINCT 关键字，以在计算机中不包含重复的行。而对于 COUNT(*)、MAX()和 MIN()由于不会改变其结果，因此没必要使用 DISTINCT 关键字。

【例 3-24】统计"student"表中的男生人数。

SQL 语句为：

```
select count(*) as 男生人数 from student
    where 性别="男"
```

【例 3-25】求李林的总成绩。

SQL 语句为：

```
select sum([成绩]) as 总成绩 from student,score
    where student.学号=score.学号 and 姓名="李林"
```

2. 分组查询

【例 3-26】统计男女生人数。

SQL 语句为：

```
select 性别,count(*) as 人数 from student
    group by 性别
```

【例 3-27】统计每个学生的平均分，只输出平均分大于 85 分的同学。

SQL 语句为：

```
select 学号,avg([成绩]) as 平均分 from score
    group by 学号
    having avg([成绩])>85
```

3. 子查询

子查询也叫嵌套查询，是一种比较复杂的查询，它是将第一次查询的结果作为第二次查询的条件。

【例 3-28】检索选修 3 门以上课程的学生的学号、总成绩(不统计不及格的课程)，并要求按总成绩的降序排列出来。

SQL 语句为：

```
select 学号,sum([成绩]) as 总成绩 from score
```

```
    where  学号  in(select  学号  from score
       group by  学号
       having count(*)>3)
       and  成绩>=60
       group by  学号
       order by 2 desc
```

本节只是给大家讲一些比较常用的查询操作，当然 SQL 查询语言的学习远远不止如此。

3.4 小结

通过本章的学习，使我们了解了查询的基本功能，学会如何在项目中进行查询操作。掌握了各类查询的特点以及创建方法后，在实际应用中可以更好地使用查询。查询是整个数据库编程中比较重要的一环，因此查询在实际生活中是经常用到的。

3.5 练习题

选择题

1. 为了方便用户的输入操作，可在屏幕上显示提示信息。在设计查询条件时可以将提示信息写在特定的符号之中，该符号是(　　)。
    A. []   B. < >   C. {}   D. ( )
2. 要查找姓不是"诸葛"的学生，正确的表达式是(　　)。
    A. not like "诸葛*"   B. not like "诸葛?"
    C. not like "诸葛#"   D. not like "诸葛$"
3. 要统计学生成绩的最高分，在创建总计查询时，分组字段的总计项应选择(　　)。
    A. 计数   B. 最大值   C. 平均值   D. 总计
4. 如果在数据库中已有同名的表，要通过查询覆盖原来的表，应该使用的查询类型是(　　)。
    A. 删除   B. 追加   C. 生成表   D. 更新
5. 若查询的设计如下，则查询的功能是(　　)。

    A. 设计尚未完成，无法进行统计
    B. 统计班级信息仅含 Null(空)值的记录个数

C. 统计班级信息不包括 Null(空)值的记录个数

D. 统计班级信息包括 Null(空)值的全部记录个数

6. 要查询生于 1983 年的学生，需在查询设计视图的"出生日期"(日期类型)列的条件单元格中输入条件，错误的条件表达式是(　　)。

　　A. >=#1983-1-1# And <=#1983-12-31#

　　B. >=#1983-1-1# And <#1984-1-1#

　　C. between #1983-1-1# And #1983-12-31#

　　D. =1983

7. "成绩表"中有"学号""课程编号"和"成绩"字段，要将全部记录的"成绩"字段的值置为 0，应使用的查询是(　　)。

　　A. 更新查询　　　B. 追加查询　　　C. 成表查询　　　D. 删除查询

8. "预约登记"表中有日期/时间型字段"申请日期"和"预约日期"，要将表中的预约日期统一设置为申请日期之后 15 天。在设计查询时，设计网格的"更新到"中应填写的表达式是(　　)。

　　A. [申请日期]+15　　B. 申请日期+[15]　　C. [申请日期+15]　　D. 申请日期]+[15]

9. 如果要求查询在运行时能够接收从键盘输入的查询参数，进行查询设计时，"输入参数值"对话框的提示文本在设计网格中应设置在(　　)。

　　A. "字段"行　　　B. "显示"行　　　C. "条件"行　　　D. "文本提示"行

10. 要在"学生表"中查询属于"计算机学院"的学生信息，错误的查询设计是(　　)。

A.

B.

C.

D.

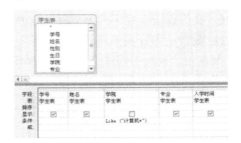

11. 已知数据库中有 3 个表，"班级设置"表(年级，学院，班级，班级编码)中保存了全校所有班级的基本信息，"学生表"(学号，姓名，学院，专业，入学时间等)中保存了全校学生的基本情况，"班级表"(班级编码，学号)中保存了各班学生的学号，查询设计如下：

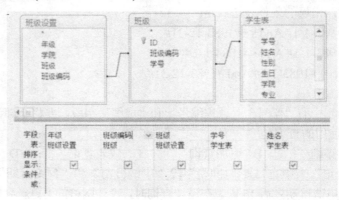

该查询显示的结果是(　　)。

　A. 按年级显示指定班级编码的学生名单
　B. 按班级显示全校所有班级学生名单
　C. 按班级显示指定班级编码的学生名单
　D. 按年级显示全校所有班级学生名单

12. 要调整数据表中信息系 1990 年以前参加工作的教师的住房公积金，应使用的查询是(　　)。

　A. 生成表查询　　B. 更新查询　　C. 删除查询　　D. 追加查询

13. 已知"产品表"(产品编码，产品名称，单价)和"新价格表"(产品编码，单价)。要使用"新价格表"中的单价修改"产品表"中相应产品的单价，应使用的方法是(　　)。

　A. 更新查询　　B. 追加查询　　C. 生成表查询　　D. 删除查询

14. 图书表中有"出版日期"字段，若需查询出版日期在 1990 年到 1999 年的出版物，正确的表达式是(　　)。

　A. Like "199?/*/*"
　B. Between #199?/1/1# and #199?/12/31#
　C. in("199?/*/*")
　D. like #1999/*/*#

15. 在显示查询结果时，若要将数据表中的"name"字段名显示为"姓名"，应进行的相关设置是(　　)。

　A. 在查询设计视图的"字段"行中输入"姓名"
　B. 在查询设计视图的"显示"行中输入"姓名"
　C. 在查询设计视图的"字段"行中输入"姓名:name"
　D. 在查询设计视图的"显示"行中输入"姓名:name"

16. 要在设计视图中创建查询，查找平均分在 85 分以上的女生，并显示姓名和平均分，正确设置查询条件的方法是(　　)。

　A. 在姓名的"条件"单元格中输入：平均分>=85 Or 性别="女"
　B. 在姓名的"条件"单元格中输入：平均分>=85 And 性别="女"
　C. 在平均分的"条件"单元格中输入：>=85；在性别的"条件"单元格中输入："女"

D. 在平均分的"条件"单元格中输入：平均分>=85；在性别的"条件"单元格中输入：性别="女"

17. 查询以字母 N 或 O 或 P 开头的字符串，正确的是(　　)。
    A. Like "[NP]*"
    B. Like "[N-P]*"
    C. In("N*","O*","P*")
    D. Between N* and P*

18. 在人事档案数据表中有"参加工作时间"字段(日期/时间类型)，要使用 SQL 语句查找参加工作在 30 年以上的员工信息，下列条件表达式中，错误的是(　　)。
    A. [参加工作时间]<=INT(Date()/365)-30
    B. [参加工作时间]<=DateAdd("YYYY",-30,Date())
    C. DateDiff("YYYY",[参加工作时间],Date())>=30
    D. Year(Date())-year([参加工作时间])>=30

19. 若有"客户"(客户号，单位名称，联系人，电话号码)和"订单"(订单号，客户号，订购日期)两个表，查询尚未确定订购日期的订单，并显示单位名称、联系人、电话号码和订单号，正确的 SQL 命令是(　　)。

    A. SELECT 客户.单位名称, 客户.联系人, 客户.电话号码, 订单.订单号
       FROM 客户 INNER JOIN 订单 ON 客户.客户号 = 订单.客户号
       WHERE (订单.订购日期) Is Null

    B. SELECT 客户.单位名称, 客户.联系人, 客户.电话号码, 订单.订单号
       FROM 客户 INNER JOIN 订单 ON 客户.客户号 = 订单.客户号
       WHERE (订单.订购日期) Null

    C. SELECT 客户.单位名称, 客户.联系人, 客户.电话号码, 订单.订单号
       FROM 客户 INNER JOIN 订单 ON 客户.客户号 = 订单.客户号
       FOR (订单.订购日期) Is Null

    D. SELECT 客户.单位名称, 客户.联系人, 客户.电话号码, 订单.订单号
       FROM 客户 INNER JOIN 订单 ON 客户.客户号 = 订单.客户号
       FOR (订单.订购日期) Null

20. 现有"学生表"(学号，姓名)和"班级"(班级编码，学号)两个表，要根据指定的班级编码查询并显示该班所有学生的学号和姓名，正确的 SQL 命令是(　　)。

    A. SELECT 学生表.学号, 学生表.姓名
       FROM 班级 INNER JOIN 学生表 ON 班级.学号 = 学生表.学号
       WHERE 班级.班级编码=[请输入班级编码];

    B. SELECT 学生表.学号, 学生表.姓名
       FROM 班级 INNER JOIN 学生表 ON 班级.学号 = 学生表.学号
       WHERE 班级.班级编码 = 请输入班级编码;

    C. SELECT 班级.班级编码, 学生表.学号, 学生表.姓名
       FROM 班级 INNER JOIN 学生表 ON 班级.学号 = 学生表.学号
       WHERE 班级.班级编码=[请输入班级编码];

    D. SELECT 班级.班级编码, 学生表.学号, 学生表.姓名
       FROM 班级 INNER JOIN 班级 ON 班级.学号 = 学生表.学号

WHERE 班级.班级编码=请输入班级编码;

21. 内置计算函数 Count 的功能是( )。
    A. 计算指定字段的记录数量　　　　B. 计算全部数值型字段的记录数量
    C. 计算一条记录中数值型字段的数量　D. 计算一条记录中指定字段的数量

22. 下列 SQL 查询语句中,与下面查询设计视图所示的查询结果等价的是( )。

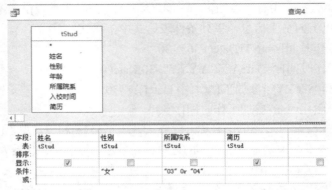

    A. Select 姓名,性别,所属院系,简历 From tStud Where 性别="女" And 所属院系 In("03","04")
    B. Select 姓名,简历 From tStud Where 性别="女" And 所属院系 In("03", "04")
    C. Select 姓名,性别,所属院系,简历 From tStud Where 性别="女" And 所属院系 ="03" OR 所属院系 = "04"
    D. Select 姓名,简历 From tStud Where 性别="女" And 所属院系 ="03" OR 所属院系 = "04"

23. 在 Access 数据库中要修改一个表的结构,可使用的 SQL 命令是( )。
    A. Create Table　　B. Create Index　　C. Alter Table　　D. Alter Index

24. 从"产品"表中查找出单价低于"产品编号"为"431"的记录,正确的 SQL 命令是( )。
    A. SELECT * FROM 产品 WHERE 单价<"431"
    B. SELECT * FROM 产品 WHERE EXISTS 单价="431"
    C. SELECT * FROM 产品 WHERE 单价<(SELECT * FROM 产品 WHERE 产品编号="431")
    D. SELECT * FROM 产品 WHERE 单价<(SELECT 单价 FROM 产品 WHERE 产品编号="431")

25. 下列关于 Drop Table 语句功能的描述中,正确的是( )。
    A. 删除指定的表及其记录　　　　B. 删除指定表中的全部记录
    C. 删除指定表中的指定字段　　　D. 删除指定表中的指定索引

26. 在 Access 中有"教师"表,表中有"教师编号""姓名""性别""职称"和"工资"等字段。执行如下 SQL 命令:

SELECT 性别, Avg(工资) FROM 教师 GROUP BY 性别;

其结果是( )。
    A. 计算工资的平均值,并按性别顺序显示每位老师的性别和工资

102

B. 计算工资的平均值，并按性别顺序显示每位教师的工资和工资的平均值

C. 计算男女职工工资的平均值，并显示性别和按性别区分的平均值

D. 计算男女职工工资的平均值，并显示性别和总工资平均值

27. 要在"学生表"(学号，姓名，专业，班级)中删除"专业"和"班级"字段的全部内容，应使用的查询是( )。

    A. 更新查询　　　　B. 追加查询　　　　C. 生成表查询　　　D. 删除查询

28. 与 SQL 语句：Select * From 学生 Where InStr([籍贯],"北京")<>0 功能相同的语句是( )。

    A. Select * From 学生 Where 籍贯 Like "北京"

    B. Select * From 学生 Where 籍贯 Like "北京*"

    C. Select * From 学生 Where 籍贯 Like "*北京"

    D. Select * From 学生 Where 籍贯 Like "*北京*"

29. 正确的生成表查询的 SQL 语句是( )。

    A. Select * into 新表 from 数据源表　　　　B. Select * set 新表 from 数据源表

    C. Select * from 数据源表 into 新表　　　　D. Select * from 数据源表 set 新表

30. 在"职工"表中有姓名、性别和生日 3 个字段，要查询女职工中年龄最小的记录并显示最小的年龄，正确的 SQL 命令是( )。

    A. SELECT Min(Year(Date())-Year([生日])) AS 年龄 FROM 职工 WHERE [性别]="女";

    B. SELECT Min(Year(Date())-Year(生日)) AS 年龄 FROM 职工 WHERE 性别=女;

    C. SELECT 年龄 FROM 职工 WHERE Min(Year(Date())-Year([生日])) AND [性别]="女";

    D. SELECT 年龄 FROM 职工 WHERE Min(Year(Date())-Year(生日)) AND 性别=女;

31. 要查找职务不是校长和处长的员工，错误的条件表达是( )。

    A. Not "校长" And Not "处长"　　　　B. Not("校长" or "处长")

    C. Not In ("校长","处长")　　　　　　D. Not like ("校长" Or "处长")

32. 在"教师"表中有姓名、性别、出生日期等字段，查询并显示男性中年龄最大的教师，并显示姓名、性别和年龄，正确的 SQL 命令是( )。

    A. SELECT 姓名,性别,MAX(YEAR(DATE())-YEAR([出生日期])) AS 年龄 FROM 教师 WHERE 性别="男"

    B. SELECT 姓名,性别,MAX(YEAR(DATE())-YEAR([出生日期])) AS 年龄 FROM 教师 WHERE 性别=男

    C. SELECT 姓名,性别,年龄 FROM 教师 WHERE 年龄=MAX(YEAR(DATE())-YEAR([出生日期])) AND 性别=男

    D. SELECT 姓名,性别,年龄 FROM 教师 WHERE 年龄=MAX(YEAR(DATE())-YEAR([出生日期])) AND 性别="男"

33. Access 支持的查询类型有( )。

    A. 选择查询、交叉表查询、参数查询、SQL 查询和操作查询

    B. 选择查询、基本查询、参数查询、SQL 查询和操作查询

    C. 多表查询、单表查询、参数查询、SQL 查询和操作查询

    D. 选择查询、汇总查询、参数查询、SQL 查询和操作查询

34. 已知代码如下：

Dim strSQL As String
strSQL = "Create Table Student ("
strSQL = strSQL + " Sno CHAR(10) PRIMARY KEY,"
strSQL = strSQL + " Sname VARCHAR(15) NOT NULL,"
strSQL = strSQL + " Sphoto IMAGE);" DoCmd、RunSQL strSQL

以上代码实现的功能是(　　)。

  A. 创建 Student 表   B. 删除 Student 表中指定的字段
  C. 为表 Student 建立索引   D. 为 Student 表设置关键字

35. 产品表中有"生产日期"日期类型字段，要查找在第一季度生产的产品，错误的表达式是(　　)。

  A. like "*/[1-3]/*"
  B. Month([生产日期])>=1 And Month([生产日期])<=3
  C. DatePart("q",[生产日期]) = 1
  D. 1 >= Month([生产日期]) <= 3

36. 在 Access 数据库中要修改一个表中部分字段的属性，可使用的 SQL 命令是(　　)。

  A. Create Table   B. Create Index   C. Alter Table   D. Alter Index

37. 如果要将"职工"表中年龄大于 60 岁的职工修改为"退休"状态,可使用的查询是(　　)。

  A. 参数查询   B. 更新查询   C. 交叉表查询   D. 选择查询

38. 若表中已经有"终止日期"和"起始日期"字段，在查询设计视图中的字段栏中要添加一个用于显示的"时间长度"字段，则应在字段栏中填写的表达式是(　　)。

  A. 时间长度:[终止日期]-[起始日期]   B. 时间长度=[终止日期]-[起始日期]
  C. =[终止日期]-[起始日期]   D. 时间长度:终止日期-起始日期

39. 在 Access 数据库中已经建立了"教师"表,若查找"教师编号"是"T00009"或"T00012"的记录，应在查询设计视图的"条件"行中输入(　　)。

  A. "T00009 " and "T00012 "   B. in("T00009 ","T00012 ")
  C. not("T00009 " and "T00012 ")   D. not in("T00009 ","T00012 ")

40. 在"成绩"表中，要查找出"考试成绩"排在前 5 位的记录，正确的 SQL 命令是(　　)。

  A. SELECT TOP 5 考试成绩 FROM 成绩 GROUP BY 考试成绩 DESC
  B. SELECT TOP 5 考试成绩 FROM 成绩 GROUP BY 考试成绩
  C. SELECT TOP 5 考试成绩 FROM 成绩 ORDER BY 考试成绩 DESC
  D. SELECT TOP 5 考试成绩 FROM 成绩 ORDER BY 考试成绩

41. 从"销售"表中找出部门号为"04"的部门中，单价最高的前两条商品记录，正确的 SQL 命令是(　　)。

  A. SELECT TOP 2 * FROM 销售 WHERE 部门号="04" GROUP BY 单价;
  B. SELECT TOP 2 * FROM 销售 WHERE 部门号="04" GROUP BY 单价 DESC;
  C. SELECT TOP 2 * FROM 销售 WHERE 部门号="04" ORDER BY 单价;
  D. SELECT TOP 2 * FROM 销售 WHERE 部门号="04" ORDER BY 单价 DESC;

42. 从"图书"表中查找出定价高于"图书号"为"112"的图书记录，正确的 SQL 命令是(　　)。
   A. SELECT * FROM 图书 WHERE 定价>"112"
   B. SELECT * FROM 图书 WHERE EXISTS 定价="112"
   C. SELECT * FROM 图书 WHERE 定价>(SELECT * FROM 商品 WHERE 图书号="112")
   D. SELECT * FROM 图书 WHERE 定价>(SELECT 定价 FROM 图书 WHERE 图书号="112")

43. 从"图书"表中查找出"计算机"类定价最高的前两条记录，正确的 SQL 命令是(　　)。
   A. SELECT TOP 2 * FROM 图书 WHERE 类别="计算机" GROUP BY 定价
   B. SELECT TOP 2 * FROM 图书 WHERE 类别="计算机" GROUP BY 定价 DESC
   C. SELECT TOP 2 * FROM 图书 WHERE 类别="计算机" ORDER BY 定价
   D. SELECT TOP 2 * FROM 图书 WHERE 类别="计算机" ORDER BY 定价 DESC

44. 在 SELECT 命令中，使用 ASC 时必须配合使用的短语是(　　)。
   A. GROUP BY   B. ORDER BY   C. WHERE   D. FROM

45. 体检表中有日期/时间型数据"体检时间"，若规定在体检 3 个月后复检，建立生成表查询，生成"复检时间"列并自动给出复检日期，正确的表达式是(　　)。

   A. 复检时间: DateAdd("m",3,[体检时间])
   B. 复检时间: Datediff("m",3,[体检时间])
   C. 复检时间: DatePart("m",3,[体检时间])
   D. 复检时间: DateSeral("m",3,[体检时间])

46. 在已建好的数据表中有"专业"字段，若要查找包含"经济"两个字的记录，正确的条件表达式是(　　)。
   A. =left([专业],2)="经济"   B. Mid([专业],2)="经济"
   C. ="*经济*"   D. like"*经济*"

3.6 实训项目

【实训目的及要求】

1. 掌握使用 Access 查询设计的方法。

2. 了解 SQL 语言代码并实现查询。
3. 学会创建各类查询。

【实训内容】

实训一

"实训一"文件夹下存在一个"samp12.accdb"数据库文件，里面已经设计好表对象"tStud""tScore"和"tCourse"，试按以下要求完成设计。

(1) 创建一个查询，查找年龄低于所有学生平均年龄的学生党员信息，输出其"姓名""性别"和"入校时间"。将所建查询命名为"qT1"。

(2) 创建一个查询，按学生姓氏查找学生的信息，并显示"姓名""课程名"和"成绩"。当运行该查询时，应显示提示信息"请输入学生姓氏"。将所建查询命名为"qT2"。

说明：这里不用考虑复姓情况。

(3) 创建一个查询，第一列显示学生性别，第一行显示课程名称，以统计并显示各门课程男女生的平均成绩。要求计算结果用 round 函数取整。将所建查询命名为"qT3"。

(4) 创建一个查询，运行该查询后生成一个新表，表名为"tTemp"，表结构包括"学号"和"平均成绩"两个字段，表内容为选课平均成绩及格的学生记录。将所建查询命名为"qT4"。要求创建此查询后，运行该查询并查看运行结果。

实训二

"实训二"文件夹下存在一个"samp22.accdb"数据库文件，里面已经设计好 3 个关联表对象"tStud""tCourse""tScore"和一个空表"tTemp"。试按以下要求完成设计。

(1) 创建一个查询，查找并输出姓名是 3 个字的男女学生各自的人数，字段显示标题为"性别"和"NUM"。将所建查询命名为"qT1"。

注意，要求按照学号来统计人数。

(2) 创建一个查询，查找"02"院系的选课学生信息，输出其"姓名""课程名"和"成绩"3 个字段内容。将所建查询命名为"qT2"。

(3) 创建一个查询，查找还未被选修的课程的名称。将所建查询命名为"qT3"。

(4) 创建追加查询，将前 5 条记录的学生信息追加到"tTemp"表的对应字段中。将所建查询命名为"qT4"。

实训三

"实训三"文件夹下存在一个"samp32.accdb"数据库文件，里面已经设计好两个表对象"tStud"和"tScore"。试按以下要求完成设计。

(1) 创建一个查询，计算并输出学生最大年龄与最小年龄的差值，显示标题为"s_data"。将所建查询命名为"qT1"。

(2) 创建一个查询，查找与所有学生平均年龄相差 1 岁的学生信息，并显示"姓名""性别"和"入校日期"3 个字段内容。将所建查询命名为"qT2"。

要求：对平均年龄取整，并且使用 round 函数取平均年龄的整数值。

(3) 创建一个查询，按输入的出生地查找具有指定地名的学生信息，并显示"姓名""性别""年龄"和"计算机"4 个字段内容。当运行该查询时，应显示提示信息"请输入出生地"。

将所建查询命名为"qT3"。

说明：出生地信息从"简历"字段获取。

(4) 创建一个查询，将"tStud"表中年龄最大的两名女生团员学生的信息保存到新建的表中，表名为"tTemp"，表中字段为"学号""姓名""别"和"年龄"。将所建查询命名为"qT4"。

实训四

"实训四"文件夹下存在一个"samp42.accdb"数据库文件，里面已经设计好表对象"tCourse""tSinfo""tGrade"和"tStudent"，试按以下要求完成设计。

(1) 创建一个查询，计算每名学生所选课程的学分总和，并显示"姓名"和"学分"字段内容，其中"学分"为计算出的学分总和。将所建查询命名为"qT1"。

(2) 创建一个查询，查找未选课的团员学生信息，并显示其"姓名"字段内容。将所建查询命名为"qT2"。

(3) 创建一个查询，查找与李红所学课程相同(含部分相同)的学生，并显示其"姓名"和"课程编号"两列信息。将所建查询命名为"qT3"。

(4) 创建一个查询，查找所选课的平均成绩超过80分(含80分)的学生，并将其"班级编号""姓名"和"平均成绩"等值填入"tSinfo"表的相应字段中。将所建查询命名为"qT4"。

说明："班级编号"值是"tStudent"表中"学号"字段的前6位。

实训五

"实训五"文件夹下存在一个"samp52.accdb"数据库文件，里面已经设计好表对象"tCourse""tScore"和"tStud"，试按以下要求完成设计。

(1) 创建一个查询，查找2005年入学的党员学生选课成绩，并显示"姓名""性别""入校时间""课程名"和"成绩"5列信息。将所建查询命名为"qT1"。

要求：使用函数获取入校年份。

(2) 创建一个查询，按输入的分数查找选课成绩平均值大于所输入分数的学生信息，并显示"学号"和"平均成绩"字段内容。当运行该查询时，应显示提示信息"请输入要比较的分数："。将所建查询命名为"qT2"。

(3) 创建一个查询，统计并显示各班每门课程的平均成绩，统计显示结果如下图所示。将所建查询命名为"qT3"。

说明："学号"字段的前8位为班级编号。

要求：使用Round函数获取平均成绩的整数值。

班级编号	高等数学	计算机原理	专业英语
19991021	68	73	81
20001022	73	73	75
20011023	74	76	74
20041021			72
20051021			71
20061021			67

(4) 创建一个查询，统计2门以上(含2门)课程不及格的学生，并将其"姓名"和统计的"不

及格门次"放到一个新表中,表名为"tNew",表结构为"姓名"和"不及格门次"。将所建查询命名为"qT4"。

要求:使用"成绩"字段统计不及格课程的门次。

实训六

"实训六"文件夹下存在一个"samp62.accdb"数据库件,里面已经设计好3个表关联对象"tStud""tCourse""tScore"和一个临时表对象"tTemp"。试按以下要求完成设计。

(1) 创建一个查询,按所属院系统计学生的平均年龄,字段显示标题为"院系"和"平均年龄"。将所建查询命名为"qT1"。

要求:平均年龄四舍五入取整处理。

(2) 创建一个查询,查找上半年入学的学生,并显示"姓名""性别""课程名"和"成绩"等字段内容。将所建查询命为"qT2"。

(3) 创建一个查询,查找没有选课的同学,并显示其"学号"和"姓名"两个字段内容。将所建查询命名为"qT3"。

(4) 创建删除查询,将"tTemp"表对象中年龄值高于平均年龄(不含平均年龄)的学生记录删除。将所建查询命名为"qT4"。

第 4 章 窗　体

窗体又称为表单，是 Access 数据库的重要对象之一，窗体既是管理数据库的窗口，又是用户和数据库之间的桥梁。通过窗体可以方便地输入、编辑、查询、排序、筛选和显示数据。Access 利用窗体将整个数据库组织起来，从而构成完整的应用系统。一个数据库系统创建完成后，对数据库的所有操作都可以在窗体界面中进行。

4.1 认识窗体

一个好的数据库系统不但要设计合理，满足用户需要，而且还必须具有一个功能完善、操作方便、外观美观的操作界面。窗体作为输入界面时，它可以接收输入的数据并检查输入的数据是否有效；窗体作为输出界面时，它可以根据需要输出各类形式的信息(包括多媒体信息)，还可以把记录组织成方便浏览的各种形式。

Access 窗体有多种分类方法，通常是按功能、数据显示方式和显示关系分类。

4.1.1 窗体的概念和功能

窗体有多种形式，不同形式的窗体能够完成不同的功能。窗体中的信息主要有两类：一类是设计窗体时附加的提示信息，另一类是处理表或查询的记录。

窗体的主要作用是接收用户输入的数据或命令，编辑、显示数据库中的数据，构造方便和美观的输入输出界面。

窗体可以完成以下几种功能。

1．显示、编辑数据

这是窗体最普通的用法。窗体为自定义数据库中数据的表示方式提供了途径。可以用窗体更改或删除数据库的数据，也可以在窗体中设置选项属性。

2．控制应用程序的流程

窗体上可以放置各种命令按钮控件。用户可以通过控件做出选择并向数据库发出各种命令，窗体可以与宏或者 VBA 代码一起配合使用，来引导过程动作的流程。例如，可以在窗体上放置按钮控件来打开窗体运行查询和打印报表。

3. 显示信息

可以利用窗体显示各种提示、警告和错误信息，例如，当用户输入非法数据时，信息窗口会告诉用户"输入错误"并提示正确的输入方法。

4. 打印数据

Access 中除了报表可以用来打印数据外，窗体也可以作为打印数据之用。一个窗体可以同时具有显示数据和打印数据的双重角色。

一个好的窗体是非常有用的。不管你的数据库中的表或查询设计得有多好，如果你的窗体设计得十分杂乱，而且没有任何提示，所建立的数据库就没有什么意义了。

4.1.2 窗体的组成和结构

Access 窗体由窗体页眉、页面页眉、主体、页面页脚和窗体页脚 5 个节组成，如图 4-1 所示。

- 窗体页眉：用于显示窗体的标题和使用说明，或打开相关窗体或执行其他任务的命令按钮。它显示在窗体视图的顶部或打印页的开头。
- 页面页眉：用于在窗体中每页的顶部显示标题、列标题、日期或页码。
- 主体：用于显示窗体或报表的主要部分，该节通常包含绑定到记录源中字段的控件。但也可能包含未绑定控件，如字段或标签等。
- 页面页脚：用于在窗体和报表中每页的底部显示汇总、日期或页码。
- 窗体页脚：用于显示窗体的使用说明、命令按钮或接受输入的未绑定控件。它显示在窗体视图的底部和打印页的尾部。

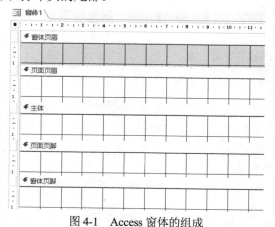

图 4-1 Access 窗体的组成

4.1.3 窗体的类型

1. 纵栏式窗体

在纵栏式窗体界面中每次只显示表或查询中的一条记录，可以占一个或多个屏幕页，记录中的各字段纵向排列。

纵栏式窗体通常用于输入数据，每个字段的标签一般都放在字段左边，如图 4-2 所示。

图 4-2 纵栏式窗体

2. 表格式窗体

在表格式窗体的一个画面中显示表或查询中的全部记录。记录中的字段横向排列，记录纵向排列。每个字段的标签都放在窗体顶部作为窗体页眉，如图 4-3 所示。可通过滚动条来查看和维护其他记录。

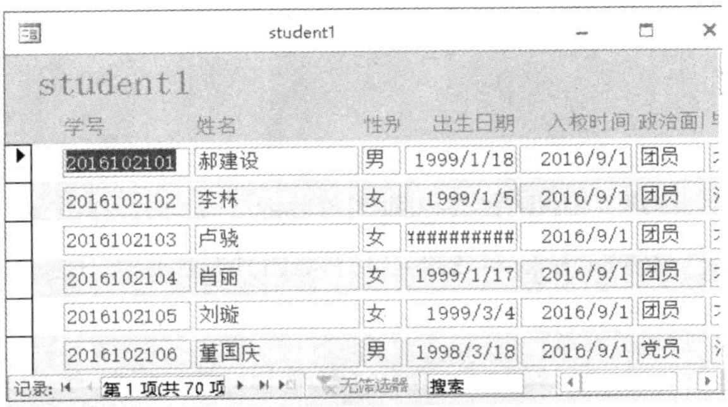

图 4-3 表格式窗体

3. 数据表窗体

从外观上看，数据表窗体与数据表和查询显示数据的界面相同，数据表窗体的主要作用是作为一个窗体的子窗体，如图 4-4 所示。

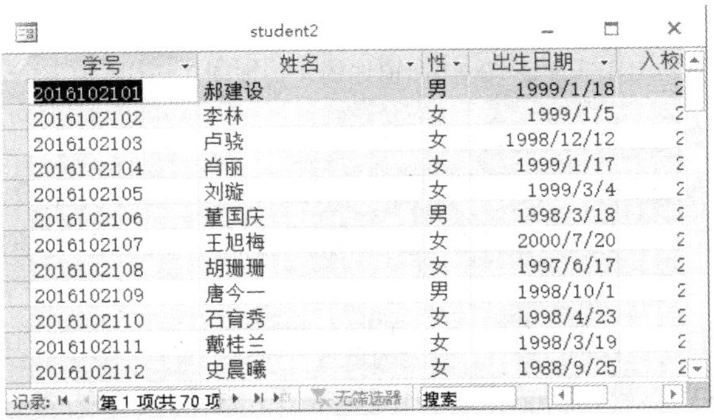

图 4-4 数据表窗体

4. 主/子窗体

窗体中的窗体称为子窗体，包含子窗体的窗体称为主窗体，主/子窗体如图 4-5 所示。

主/子窗体通常用于显示多个表或查询的数据，这些表或查询中的数据具有一对多的关系。主窗体只能显示为纵栏式窗体，子窗体可以显示为数据表窗体，也可以显示为表格式窗体。在子窗体中可以创建二级子窗体。

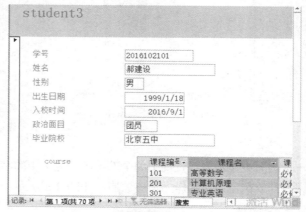

图 4-5　主/子窗体

4.1.4　窗体的视图

在 Access 2016 中，窗体有 4 种视图，分别为窗体视图、数据表视图、布局视图和设计视图。打开窗体以后，在"视图"组中单击"视图"按钮，从弹出的下拉菜单中可选择所需的视图命令，如图 4-6 所示。或者右击窗体名称，在弹出的快捷菜单中选择不同的视图命令，可以在不同的窗体视图间进行切换。

图 4-6　窗体的 4 种视图

设计视图——用于创建或修改窗体。

窗体视图——窗体视图是窗体运行时的显示形式，是完成对窗体设计后的效果，可浏览窗体所捆绑的数据源数据。如果要以窗体视图打开某一窗体，可以在导航窗格的窗体列表中双击要打开的窗体。

数据表视图——数据表视图以表格的形式显示表或查询中的数据，可用于编辑、添加、删除和查找数据等。只有以表或查询为数据源的窗体才具有数据表视图。

布局视图——它比设计视图更加直观，在设计的同时可以查看数据。在布局视图中，窗体在每个控件中都显示记录源数据。因此可以更加方便地根据实际数据调整控件的大小、位置等。最终使窗口更加整洁、美观。

4.2 创建窗体

创建窗体包括以下两种方法。
- 使用向导：简单、快捷地创建窗体。
- 人工方式：手动添加控件，建立控件与数据源之间的联系。

在 Access 主窗口中，"创建"选项卡的"窗体"组中提供了多种创建窗体的按钮，包括"窗体""窗体设计"和"空白窗体"3 个主要按钮，还包括"窗体向导""导航"和"其他窗体"3 个辅助按钮，如图 4-7 所示。

图 4-7 创建窗体的按钮

4.2.1 使用"窗体"按钮创建窗体

这是一种快速创建窗体的方法，其数据源为某个表或查询，所创建的窗体为纵栏式窗体，窗体中仅显示单条记录。

【例 4-1】使用"窗体"按钮创建"读者"窗体，如图 4-8 所示。

图 4-8 "读者"窗体

4.2.2 使用窗体向导创建窗体

使用向导创建窗体，需要在创建过程中选择数据源、字段，设置窗体布局等。

单击"窗体向导"按钮可通过向导对话框的方式设计窗体，用户可以通过选择对话框中的各种选项来设计窗体。使用向导可以方便、快捷地创建窗体。向导将引导用户完成创建窗体的任务，并让用户在窗体上选择所需要的字段、最合适的布局及窗体所具有的背景样式等。

【例 4-2】使用"窗体向导"创建"借阅信息"窗体，如图 4-9 所示。

图 4-9 使用"窗体向导"创建"借阅信息"窗体

4.2.3 利用"导航"按钮创建窗体

"导航"按钮用于创建导航窗体,即只包含导航控件的窗体。导航控件是一种新的控件。如果将数据库发布到 Web,则创建导航窗体非常重要,因为 Access 2016 导航窗格不会显示在浏览器中,而利用导航窗体可以方便地在数据库中的各种窗体和报表之间进行切换。

展开"导航"按钮,包括的命令选项如图 4-10 所示。

图 4-10 "导航"按钮包括的命令选项

4.2.4 使用"其他窗体"按钮创建窗体

展开"其他窗体"按钮,包括 4 个命令选项,如图 4-11 所示。

图 4-11 "其他窗体"按钮包括的命令选项

1. 创建"多个项目"窗体

"多个项目"窗体是指在窗体中显示多条记录的一种窗体布局形式,记录以数据表的形式显示,是一种继续窗体。

【例4-3】使用"多个项目"按钮创建"图书"窗体,如图4-12所示。

图4-12 "图书"窗体

2. 创建"数据表"窗体

"数据表"窗体的特点是每条记录的字段以行和列的格式显示,即每行显示一条记录,在每列的顶端显示对应字段的名称。

【例4-4】使用"数据表"按钮创建"图书分类"窗体,如图4-13所示。

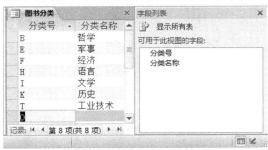

图4-13 "图书分类"窗体

3. 创建"分割"窗体

"分割"窗体是一种以两种视图方式显示数据的窗体,窗体被分割成上下两部分。

上半部分以单记录方式显示数据,用于查看和编辑记录。下半部分以数据表方式显示数据,可以快速定位和浏览记录。两种视图连接到同一数据源,并且始终保持同步。

【例4-5】使用"分割窗体"按钮创建"借阅"窗体,如图4-14所示。

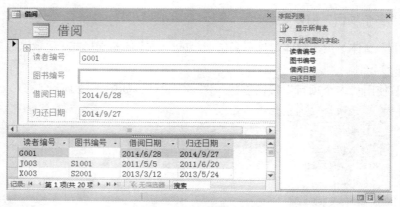

图 4-14 "借阅"窗体

4.3 在设计视图中创建窗体

4.3.1 窗体设计窗口

1. 窗体的结构

打开数据库,在"创建"选项卡的"窗体"组中单击"窗体设计"按钮,就会打开窗体的设计视图,如图 4-15 所示。

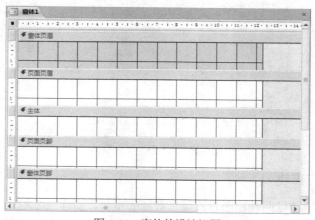

图 4-15 窗体的设计视图

窗体设计视图是设计窗体的窗口,它由 5 部分组成,分别为窗体页眉、页面页眉、主体、页面页脚和窗体页脚。其中,每一部分称为一个节,每个节都有特定的用途,窗体中的信息可以分布在多个节中。

2. "窗体设计工具"的 3 个选项卡

打开窗体设计视图时,在功能区选项卡上会出现"窗体设计工具"的 3 个选项卡,分别为"设计""排列"和"格式"选项卡,如图 4-16 所示。

第 4 章 窗　体

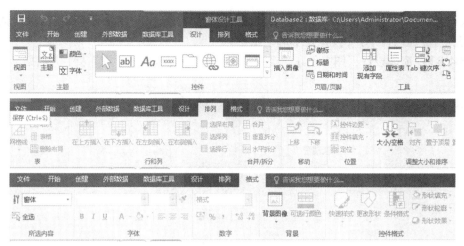

图 4-16　"窗体设计工具"的 3 个选项卡

4.3.2　控件的功能与分类

"控件"是窗体上图形化的对象，如文本框、复选框、滚动条或命令按钮等，用于显示数据和执行操作。

1. 控件的功能

打开"窗体设计工具"的"设计"选项卡，在"控件"组中将出现各种控件按钮，如图 4-17 所示。通过这些控件按钮可以向窗体添加控件。

图 4-17　各种控件按钮

2. 控件的分类

根据控件与数据源的关系，控件可以分为绑定型控件、未绑定型控件和计算型控件 3 种。
- 绑定型控件与表或查询中的字段相关联，可用于显示、输入、更新数据库中字段的值。
- 未绑定型控件是无数据源的控件，其"控件来源"属性没有绑定字段或表达式，可用于显示文本、线条、矩形和图片等。
- 计算型控件用表达式而不是字段作为数据源，表达式可以是窗体或报表所引用的表或查询字段中的数据，也可以是窗体或报表上的其他控件中的数据。

4.3.3　控件的操作

1. 向窗体添加控件

向窗体添加控件的方法有如下两种。
(1) 自动添加。
(2) 通过在设计视图中使用控件按钮向窗体添加控件。

如果"控件"组中的"控件向导"按钮处于选中状态，在创建控件时会弹出相应的向导对话框，以方便用户对控件的相关属性进行设置。否则，创建控件时将不会弹出向导对话框。在默认情况下，"控件向导"按钮处于选中状态。

【例4-6】在窗体设计视图中创建一个窗体，用于显示和编辑"学生"表中的数据，如图4-18所示。

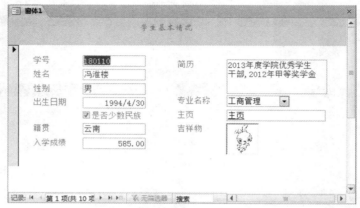

图4-18　在窗体设计视图中创建一个窗体

4.4 控件的应用

4.4.1 面向对象的基本概念

类是具有相同属性的客观事物的抽象。比如，汽车类指的是具有汽车特征的车的统称。对象是类的具体化，比如，具体的某一辆汽车是汽车类的一个实例。

因此，类是对象的抽象，而对象是类的具体实例。"控件"组中的一种控件是一个类，但在窗体上添加的一个具体的控件就是一个对象。

每一个对象具有相应的属性、事件和方法。属性是对象固有的特征；由对象发出且能够为某些对象感受到的行为动作称为事件；方法是附属于对象的行为和动作。当某一个事件发生时，方法被执行，这种执行方式称为事件驱动，这也是面向对象程序设计的基本特点。比如，汽车的颜色、尺寸可以看成属性，发动汽车可以看成事件，发动汽车后的处理过程可以看成方法。

4.4.2 窗体和控件的属性

1. "属性表"窗格

用鼠标右击窗体或控件，从打开的快捷菜单中选择"属性"命令，或者单击"窗体设计工具"的"设计"选项卡，在"工具"组中单击"属性表"按钮，都可以打开"属性表"窗格，如图4-19所示。

图 4-19 "属性表"窗格

2. 窗体的常用属性

窗体的属性有很多，选中某个属性时，按 F1 功能键可以获得该属性的帮助信息，这也是熟悉属性用途的好方法。窗体的常用属性有以下几种。

- 标题：表示在窗体视图中窗体标题栏上显示的文本。
- 记录选定器：决定窗体显示时是否具有记录选定器。
- 导航按钮：决定窗体运行时是否具有记录导航按钮。
- 记录源：指明该窗体的数据源。
- 允许编辑、允许添加、允许删除：它们分别决定窗体运行时是否允许对数据进行编辑修改、添加或删除操作。
- 数据输入：指定是否允许打开绑定窗体进行数据输入。

3. 控件的常用属性

在"属性表"窗格上方的下拉列表中选择某个控件，即可显示并设置该控件的属性。下面以标签和文本框控件为例，介绍控件的常用属性。

标签控件的常用属性如下。

- 标题：表示标签中显示的文字信息。
- 特殊效果：用于设定标签的显示效果。
- 背景色、前景色：分别表示标签显示时的底色与标签中文字的颜色。
- 字体名称、字号、字体粗细、下画线、倾斜字体：这些属性值用于设定标签中显示文字的字体、字号、字形等参数，可以根据需要适当配置。

文本框控件的常用属性如下。

- 控件来源：用于设定一个绑定型文本框控件时，它必须是窗体数据源表或查询中的一个字段；用于设定一个计算型文本框控件时，它必须是一个计算表达式；用于设定一个未绑定型文本框控件时，它等同于一个标签控件。

- 输入掩码：用于设定一个绑定型文本框控件或未绑定型文本框控件的输入格式，仅对文本型或日期/时间型数据有效。
- 默认值：用于设定一个计算型文本框控件或未绑定型文本框控件的初始值。
- 验证规则：用于设定在文本框控件中输入数据的合法性检查表达式。
- 验证文本：在窗体运行期间，当在该文本框中输入的数据违背了验证规则时，即显示验证文本中的提示信息。
- 可用：用于指定该文本框控件是否能够获得焦点。
- 是否锁定：用于指定是否可以在窗体视图中编辑控件数据。

4.4.3 窗体和控件的常用事件

对窗体和控件设置事件属性值是为该窗体或控件设定响应事件的操作流程，也就是为窗体或控件的事件处理方法编程。

常用的事件如表 4-1 所示。

表 4-1 常用事件

事件名称		触发时机
键盘事件	键按下	当窗体或控件具有焦点时，按下任何键时触发该事件
	键释放	当窗体或控件具有焦点时，释放任何键时触发该事件
鼠标事件	单击	当鼠标在对象上单击左键时触发该事件
	双击	当鼠标在对象上双击左键时触发该事件
	鼠标按下	当鼠标在对象上按下左键时触发该事件
	鼠标移动	当鼠标在对象上来回移动时触发该事件
	鼠标释放	当鼠标左键按下后，手指放开时触发该事件
对象事件	获得焦点	在对象获得焦点时触发该事件
	失去焦点	在对象失去焦点时触发该事件
	更改	在改变文本框或组合框的内容时触发该事件；在选项卡控件中从一页移到另一页时也会触发该事件
窗体事件	打开	在打开窗体，但第一条记录尚未显示时触发该事件
	关闭	当窗体关闭并从屏幕上消失时触发该事件
	加载	在打开窗体并且显示其中记录时触发该事件
操作事件	删除	当通过窗体删除记录，但记录被真正删除之前触发该事件
	插入前	当通过窗体插入记录，输入第一个字符时触发该事件
	插入后	当通过窗体插入记录，记录保存到数据库后触发该事件
	成为当前记录	当焦点移到记录上，使它成为当前记录时触发该事件；当窗体刷新或重新查询时也会触发该事件
	不在列表中	在组合框的文本框部分输入非组合框列表中的值时触发该事件

4.4.4 控件应用举例

1. 标签和文本框控件

标签主要用来在窗体或报表上显示说明性文本。标签不显示字段或表达式的数值，它没有数据来源。当从一条记录移到另一条记录时，标签的值不会改变。

文本框主要用来输入或编辑数据，它是一种交互式控件。文本框分为绑定型、未绑定型和计算型3种类型。

【例4-7】在窗体设计视图中，创建如图4-20所示的窗体，窗体内有两个标签(Label1和Label2)和两个文本框(Text1和Text2)，在其中一个文本框中输入出生日期，就会在另一个文本框中显示年龄。

2. 复选框、选项按钮和切换按钮控件

复选框、选项按钮和切换按钮在窗体中均可以作为单独的控件使用，用于显示表或查询中的是/否型数据。当选中或按下控件时，相当于"是"状态，否则相当于"否"状态。

【例4-8】在窗体设计视图中，创建如图4-21所示的窗体，分别用复选框、选项按钮和切换按钮来显示"学生"表中的"是否少数民族"字段。

图4-20 文本框示例

图4-21 复选框、选项按钮和切换按钮

3. 选项组控件

选项组控件是一个容器控件，它由一个组框架及一组复选框、选项按钮或切换按钮组成。可以使用选项组来显示一组限制性的选项值，只要单击选项组中所需的值，就可以为字段选定数据值。

【例4-9】在窗体设计视图中，创建如图4-22所示的窗体。使用控件向导创建一个选项组控件，用于显示"学生"表中的"是否少数民族"字段。

4. 列表框与组合框控件

列表框和组合框为用户提供了包含一些选项的可滚动列表。在列表框中，任何时候都能看到多个选项，但不能直接编辑列表框中的数据。当列表框不能同时显示所有选项时，它将自动添加滚动条，使用户可以上下或左右滚动列表框，以查阅所有选项。在组合框中，平时只能看到一个选项，单击组合框上的向下箭头可以看到多个选项的列表，也可以直接在旁边的文本框中输入一个新选项。

【例4-10】在窗体设计视图中，创建如图4-23所示的窗体，显示"学生"表的"学号""姓名"和"籍贯"字段，其中"籍贯"字段的显示分别使用列表框和组合框控件。

图 4-22 选项组控件

图 4-23 列表框与组合框控件

5. 按钮(命令按钮)控件

使用窗体上的命令按钮可以执行特定的操作,如可以创建命令按钮来打开另一个窗体。如果要使命令按钮响应窗体中的某个事件,从而完成某项操作,可编写相应的宏或事件过程并将它附加在命令按钮的"单击"属性中。

【例 4-11】在窗体设计视图中,综合前面介绍的控件,创建如图 4-24 所示的窗体,用于输入"学生"表的内容。

6. 选项卡控件

利用选项卡控件可以在一个窗体中显示多页信息,操作时只需要单击选项卡上的标签,就可以在多个页面间进行切换。

【例 4-12】创建如图 4-25 所示的窗体,使用选项卡控件分别显示两页内容,一页是"学生信息",另一页是"学生成绩"。

图 4-24 按钮控件

图 4-25 选项卡控件

7. 图像控件

在窗体上设置图像控件,一般是为了美化窗体,其操作方法是:单击"控件"组中的"图像"按钮,在窗体上单击要放置图片的位置,打开"插入图片"对话框。在该对话框中找到并选中要使用的图片文件,单击"确定"按钮,即可完成在窗体上设置图片的操作。

8. 子窗体/子报表控件

创建主/子窗体有两种方法,一种方法是使用"窗体向导"同时建立主窗体和子窗体,另一种方法是先建立主窗体,然后利用设计视图添加子窗体。

【例 4-13】创建一个显示学生信息的主窗体,然后增加一个子窗体来显示每个学生的选课情况,如图 4-26 所示。

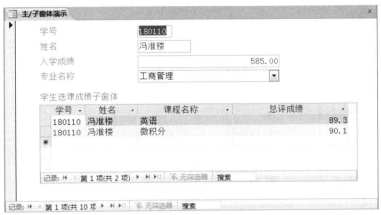

图 4-26 子窗体/子报表控件

9. 图表控件

图表窗体能够直观地显示表或查询中的数据,可以在"图表向导"的引导下使用图表控件创建图表窗体。

【例 4-14】以"学生"表为数据源,创建图表窗体,显示学生的入学成绩,如图 4-27 所示。

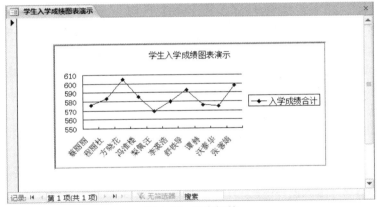

图 4-27 图表控件

4.5 小结

通过本章的学习,我们了解了 Access 数据库对象之一窗体的基本概念、组成、类型、视图,本章详细介绍了各种窗体的创建方法和过程。窗体对象的创建方法多样,读者需要了解这些方法的特点,最终能灵活应用各种方法创建窗体。

本章还介绍了在设计视图中创建窗体,窗体中控件的功能与分类,以及控件的操作。控件的应用包括面向对象的基本概念、窗体和控件的属性、窗体和控件的常用事件。本章最后介绍了标签和文本框控件、复选框控件、选项按钮和切换按钮控件、选项组控件、列表框与组合框控件、按钮控件、选项卡控件、图像控件、子窗体/子报表控件、图表控件的使用方法。

4.6 练习题

选择题

1. 若要在窗体中使用文本框接收用户输入的密码,要保证密码能够保密,屏幕显示要用"*"号代替,则应设置的属性是( )。
   A. 输入掩码   B. 默认值   C. 标题   D. 密码

2. 要动态改变窗体的版面布局,重构数据的组织方式,且使修改布局后可以重新计算数据,实现数据的汇总、小计和合计,应选用的视图是( )。
   A. 数据表视图   B. 布局视图
   C. 数据透视表视图   D. 数据透视图视图

3. "干部基本情况"表中的"照片"字段是 OLE 对象,在使用向导创建窗体时,"照片"字段所使用的控件应该是( )。
   A. 绑定对象框   B. 图像   C. 文本框   D. 未绑定对象框

4. 下列选项中,不属于导航窗体可以使用的布局是( )。
   A. 垂直标签   B. 垂直标签,左侧
   C. 水平标签   D. 垂直

5. 要在窗体中显示当前的系统日期和时间,则应将相应文本框的控件来源属性设置为( )。
   A. =Time()   B. =SysTime()   C. =Date()   D. =Now()

6. 下列选项中,属于选项卡控件的"格式"属性的是( )。
   A. 可见   B. 可用   C. 文本格式   D. 是否锁定

7. 在名为 fm1 的窗体中,要将窗体的标题设置为"演示窗体",应使用的语句是( )。
   A. Me.Name = "演示窗体"   B. Me = "演示窗体"
   C. Me.Text = "演示窗体"   D. Me.Caption = "演示窗体"

8. 在"教师信息"输入窗体中,为"职称"字段提供"教授""副教授""讲师"等选项供用户直接选择,最合适的控件是( )。
   A. 标签   B. 复选框   C. 文本框   D. 组合框

9. 发生在控件接收焦点之前的事件是( )。
   A. Enter   B. Exit   C. GotFocus   D. LostFocus

10. 列表框与组合框的特点是( )。
    A. 列表框和组合框都可以显示一行或多行数据
    B. 可以在列表框中输入新值,而组合框不能
    C. 可以在组合框中输入新值,而列表框不能
    D. 在列表框和组合框中均可以输入新值

11. 为窗体中的命令按钮设置单击鼠标时发生的动作，应设置其"属性表"窗格中的( )。
    A. "格式"选项卡   B. "事件"选项卡
    C. "其他"选项卡   D. "数据"选项卡
12. 以下关于切换面板的叙述中，错误的是( )。
    A. 切换面板页由多个切换面板项组成
    B. 单击切换面板项可以实现指定的操作
    C. 一般情况下默认的功能区中一定有"切换面板管理器"命令按钮
    D. 默认的切换面板页是启动切换面板窗体时最先打开的切换面板页
13. 在窗体设计视图中，必须包含的部分是( )。
    A. 主体   B. 窗体页眉和页脚
    C. 页面页眉和页脚   D. 主体、页面页眉和页脚
14. 若在窗体的设计过程中，命令按钮 Command0 的事件属性设置如下图所示，则含义是( )。

    A. 只能为"进入"事件和"单击"事件编写事件过程
    B. 不能为"进入"事件和"单击"事件编写事件过程
    C. "进入"事件和"单击"事件执行的是同一事件过程
    D. 已经为"进入"事件和"单击"事件编写了事件过程
15. 设置计算型控件的控件源时，计算表达式开始的符号是( )。
    A. ","   B. "<"   C. "="   D. ">"
16. 在窗体中要显示一名学生的基本信息和该学生各门课程的成绩，设计窗体时在主窗体中显示学生基本信息，在子窗体中显示学生课程的成绩，则主窗体和子窗体数据源之间的关系是( )。
    A. 一对一关系   B. 一对多关系   C. 多对一关系   D. 多对多关系
17. 在设计窗体时，"评价"字段只能输入"很好""好""一般""较差"和"很差"，可使用的控件是( )。
    A. 列表框控件   B. 复选框控件   C. 切换按钮控件   D. 文本框控件

18. 在设计"学生基本信息"输入窗体时，学生表中"民族"字段的输入是由"民族代码库"中事先保存的"民族名称"确定的，则选择"民族"字段对应的控件类型应该是(　　)。
    A. 组合框或列表框控件　　　　　　B. 复选框控件
    C. 切换按钮控件　　　　　　　　　D. 文本框控件
19. 要改变窗体上文本框控件的输出内容，应设置的属性是(　　)。
    A. 标题　　　　B. 查询条件　　　C. 控件来源　　　D. 记录器
20. 若要求窗体中的某个控件在事件发生时要执行一段代码，则应设置的是(　　)。
    A. 窗体属性　　　　　　　　　　　B. 通用过程
    C. 函数过程　　　　　　　　　　　D. 事件过程

4.7 实训项目

【实训目的及要求】

1. 掌握设计 Access 窗体的方法。
2. 掌握窗体的操作。
3. 掌握窗体常用控件的创建过程，了解控件的常用属性。
4. 了解全国计算机二级考试窗体设计真题。
5. 学会解答全国计算机二级考试窗体设计题。

【实训内容】

实训一

"实训一"文件夹下有一个数据库文件"samp3.accdb"，其中存在已经设计好的表对象"tEmployee"和宏对象"m1"，同时还有以"tEmployee"为数据源的窗体对象"fEmployee"。请在此基础上按照以下要求补充窗体设计。

(1) 在窗体的窗体页眉节添加一个标签控件，名称为"bTitle"，初始化标题显示为"雇员基本信息"，字体为"黑体"，字号大小为 18。

(2) 将命令按钮 bList 的标题设置为"显示雇员情况"。

(3) 单击命令按钮 bList，要求运行宏对象 m1。单击事件代码已提供，请补充完整。

(4) 取消窗体的水平滚动条和垂直滚动条，取消窗体的最大化和最小化按钮。

(5) 加载窗体时，将"Tda"标签标题设置为"YYYY 年雇员信息"，其中"YYYY"为系统当前年份(要求使用相关函数获取)，例如，2020 年雇员信息。窗体"加载"事件代码已提供，请补充完整。

第 5 章 报表的操作

一个完整的数据库系统应该具有打印输出功能，报表是数据库中的数据通过打印机打印输出的特有形式。在传统的数据库系统开发中，数据库的打印格式由程序员在设计过程中确定，用户在使用中不方便修改。在 Access 中，数据库的打印工作通过报表对象来实现，使用报表对象，用户可以简单、轻松地完成复杂的打印工作。精美且设计合理的报表能使数据清晰地呈现在纸质介质上，把用户所要传达的汇总数据、统计与摘要信息让人看起来一目了然。

5.1 报表的基础知识

报表是 Access 数据库中的一个对象，它根据指定的规则打印输出格式化的数据信息。熟悉 Excel 的用户可能会把数据表视图中的数据记录或查询结果直接打印输出，但是这样的报表格式不美观，也不符合实际要求。Access 2016 中报表的制作方法有多种，使用这些方法能够快速完成基本设计并打印报表。

5.1.1 报表的视图

Access 2016 提供的报表视图有 4 种，分别是报表视图、打印预览、布局视图和设计视图，如图 5-1 所示。

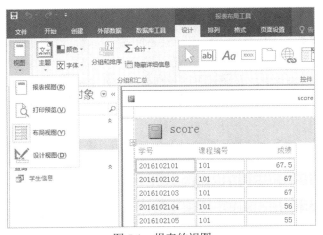

图 5-1 报表的视图

(1) 报表视图用于显示报表内容，可以对报表中的记录进行筛选、查找。
(2) 打印预览可以按不同的缩放比例对报表进行预览，对页面进行设置。
(3) 使用布局视图，可以在显示数据的同时调整报表设计。
(4) 设计视图用于报表的创建和修改。

5.1.2 报表的组成和类型

1. 报表的组成

报表通常由报表页眉、报表页脚、页面页眉、页面页脚、组页眉、组页脚及主体 7 部分组成，这些部分被称为报表的"节"。

(1) 报表页眉：用来显示报表的标题、图形或说明性文字，每份报表只有一个报表页眉。
(2) 页面页眉：文字或控件一般放在每页的顶端，用来显示数据的列标题。
(3) 组页眉：用于放置文本框或其他类型的控件，显示分组字段等数据信息。
(4) 主体：用于显示表或查询中的记录数据，是报表显示数据的主要区域。
(5) 组页脚：用于放置文本框或其他类型的控件，显示分组统计数据。打印输出时，其数据显示在每组结束位置。
(6) 页面页脚：一般包含页码或控制项的合计内容，数据显示在文本框和其他一些类型的控件中，在报表每页底部显示页码信息。
(7) 报表页脚：通过在报表页脚区域放置文本框或其他一些类型的控件，可以显示整个报表的计算汇总或其他的统计数字信息。

2. 报表的类型

通常情况下，报表主要分为以下几种类型。
(1) 纵栏式报表：以垂直方式在每页上显示一条或多条记录。
(2) 表格式报表：分组/汇总报表，类似于用行和列显示数据的表格。
(3) 图表式报表：以图表形式显示信息，可以直观地表示数据的分析和统计信息。
(4) 标签报表：在每页上以两列或三列的形式显示多条记录。

5.2 创建报表

创建报表的方法和创建窗体非常类似，都是使用控件来组织和显示数据的，因此，在第 4 章中介绍过的创建窗体的许多技巧也适用于创建报表。一旦创建了一个报表，就可以在报表中添加控件、修改报表样式等。

Access 2016 提供了多种创建报表的方法，包括使用"报表""报表设计""空报表""报表向导"和"标签"按钮来创建报表，如图 5-2 所示。

我们可以通过以下几种方法来创建报表。
(1) 快速创建报表。
(2) 创建空报表。
(3) 通过向导创建报表。

(4) 通过标签向导创建标签报表。
(5) 在设计视图中创建报表。

图 5-2 "报表"组

5.2.1 快速创建报表

使用"报表"按钮创建报表是一种创建报表的快速方法，其数据源来源于某个表、查询、窗体或报表，所创建的报表为表格式报表。

【例 5-1】在"学生成绩管理系统"数据库中使用"报表"按钮创建"score"报表。

(1) 打开"学生成绩管理系统"数据库，在"导航"窗格选择"score"选项。

(2) 在"创建"选项卡的"报表"组中单击"报表"按钮，生成如图 5-3 所示的报表。

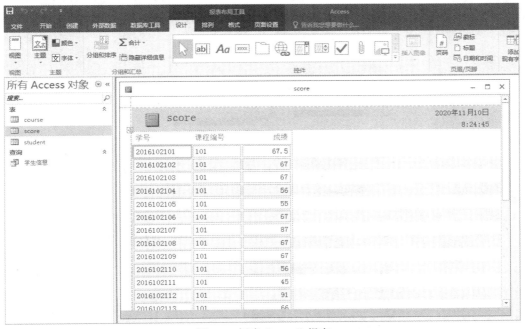

图 5-3 创建"score"报表

5.2.2 创建空报表

空报表就是报表中什么字段都没有，需要自己添加，然后再在设计视图中对报表的样式进行设置。使用这种方法创建报表，其数据源只能是表。

【例 5-2】在"教学管理系统"数据库中使用"空报表"按钮创建"课程表"。
具体操作步骤如下。

(1) 打开"教学管理系统"数据库，在"创建"选项卡的"报表"组中单击"空报表"按钮，系统将自动创建一个空报表并以布局视图显示，同时打开"字段列表"窗口。

(2) 在"字段列表"窗口中选择"course"表中的"课程名称""学分"两个字段，将它们拖动到空报表的布局视图中。注意：使用这种方式创建报表时，"字段列表"窗口可以将与该表关联的表信息显示出来，因此创建报表时可以将与该表相关联的表字段信息拖动到布局视图中显示。

5.2.3 通过向导创建报表

利用向导可以快速地创建报表，这是常用的一种创建报表的方法。使用向导创建报表可以在创建报表过程中选择数据源，也可以对多个表或查询生成新的报表，还可以进行排序及汇总。

【例 5-3】在"学生成绩管理系统"数据库中使用向导创建"学生成绩表"报表，显示内容为姓名、课程名、成绩。

具体操作步骤如下。

(1) 打开"学生成绩管理系统"数据库，在"创建"选项卡的"报表"组中单击"报表向导"按钮，弹出"报表向导"对话框。

(2) 在"报表向导"对话框中选取字段，我们从 3 个表中依次选取字段，如图 5-4 所示。

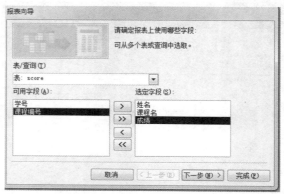

图 5-4 "报表向导"对话框 1

(3) 单击"下一步"按钮，在弹出的对话框中确定查看数据的方式，如图 5-5 所示。只有选定的字段来自多个数据源时，"报表向导"才会出现这一步，查看方式一般遵循主表查看。

图 5-5 "报表向导"对话框 2

(4) 单击"下一步"按钮，在弹出的对话框中确定是否添加分组级别，是否分组由用户根据数据源中的记录结构及报表的具体要求决定，如图 5-6 所示。

(5) 单击"下一步"按钮,在弹出的对话框中确定明细信息使用的排序次序和汇总信息,最多可以按 4 个字段对记录进行排序,注意,此排序是在分组的前提下进行的排序,如图 5-7 所示。

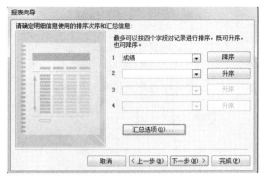

图 5-6 "报表向导"对话框 3

图 5-7 "报表向导"对话框 4

(6) 单击"下一步"按钮,在弹出的对话框中确定报表的布局,有递阶、块、大纲 3 种布局可选,还可以选择是纵向打印还是横向打印,在左边预览框中可以看到布局效果,如图 5-8 所示。

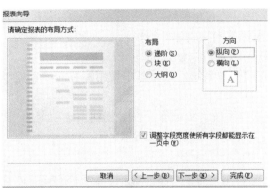

图 5-8 "报表向导"对话框 5

(7) 单击"下一步"按钮,在弹出的对话框中确定报表的标题,如图 5-9 所示,然后单击"完成"按钮,显示报表的打印预览效果,如图 5-10 所示。

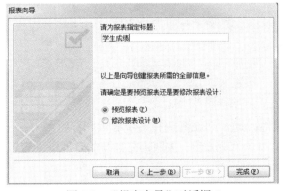

图 5-9 "报表向导"对话框 6

学生成绩		
姓名	课程名	成绩
郝建设		
	计算机原理	77
	高等数学	67.5
	专业英语	98
李林		
	高等数学	67
	计算机原理	88
	专业英语	66
卢骏		
	专业英语	87
	高等数学	67
	计算机原理	76
肖丽		
	计算机原理	67

图 5-10　基于多表的报表

5.2.4　通过标签向导创建标签报表

标签报表是一种特殊的报表，它是以记录为单位，创建格式完全相同的独立报表，主要用于制作信封、工资条、学生成绩通知单等。

在 Access 2016 中利用标签向导创建标签报表，必须要先选中表、查询、窗体或报表(窗体或报表也要绑定表或查询)，否则没法创建标签报表。

【例 5-4】在"学生成绩管理系统"数据库中使用标签向导创建学生情况标签报表。

具体操作步骤如下。

(1) 打开"学生成绩管理系统"数据库，在"创建"选项卡的"报表"组中单击"标签"按钮，弹出"标签向导"对话框，如图 5-11 所示。

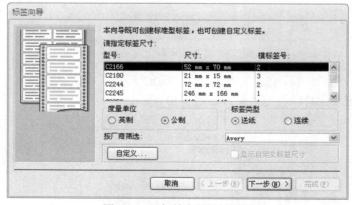

图 5-11　"标签向导"对话框

(2) 确定标签外观属性，通过列表框选择系统提供的标签型号、尺寸以及度量单位，用户也可以自定义标签尺寸。单击"下一步"按钮，在打开的对话框中设置标签文字的字形、字号、颜色等，如图 5-12 所示。

图 5-12　设置标签文本的字体和颜色

(3) 单击"下一步"按钮,在弹出的对话框中确定标签的显示内容。在"原型标签"列表框中先输入"学号:",在"可用字段"列表框中选中"学号"列,单击 > 按钮,将"可用字段"列表框中的字段添加到右边的"原型标签"列表框中,按 Enter 键,按照同样的方法添加其他字段,如图 5-13 所示。

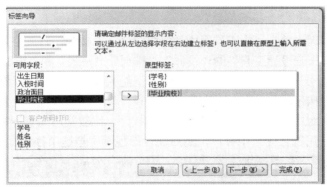

图 5-13　设置标签的显示内容

(4) 单击"下一步"按钮,在弹出的对话框中确定排序字段。将"学号"字段添加到排序依据中,如图 5-14 所示。

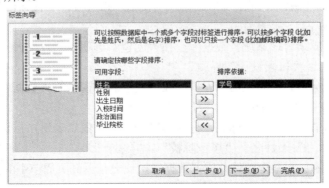

图 5-14　选择标签的排序字段

(5) 单击"下一步"按钮,在弹出的对话框中确定标签报表的名称,如图 5-15 所示,单击"完成"按钮。

图 5-15 设置报表名称

5.2.5 在设计视图中创建报表

使用报表向导创建的报表是用 Access 系统提供的报表设计工具完成的,它的许多参数都是系统自动设置的,这样的报表有时无法提供更为灵活的报表形式。

1. 创建报表

在"创建"选项卡中单击"报表"组中的"报表设计"按钮,进入报表的设计视图,此时会在功能区中多出"报表设计工具"的"设计""排列""格式"和"页面设置"4个选项卡,如图 5-16 所示。这 4 个选项卡中都有一些常用的组,绝大多数对报表的操作都可以在这 4 个选项卡的组中找到命令按钮。除此之外,利用"报表设计"按钮创建报表,要经常使用到控件。Access 2016"控件"组中提供了很多设计报表时的控件,比较常用的有标签、文本框、按钮、直线,这些控件的使用都是先选中控件,然后在设计视图中把这个控件画出来即可。

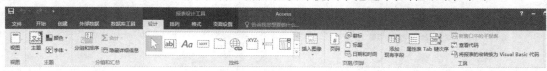

图 5-16 "报表设计工具"的 4 个选项卡

【例 5-5】在"学生成绩管理系统"数据库中使用"报表设计"按钮创建学生信息报表。
具体操作步骤如下。

(1) 打开"学生成绩管理系统"数据库,在"创建"选项卡的"报表"组中单击"报表设计"按钮,系统会出现"报表设计"界面。

(2) 设置报表的标题为"学生信息表",在"属性表"窗格的"数据"选项卡中的"记录源"右侧的下拉列表中选择"student"表,如图 5-17 所示。

(3) 在报表页眉节中添加一个标签,标签标题为"学生信息表",在页面页眉节中添加 3 个标签,分别是"学号""姓名""毕业院校"。

(4) 在主体节中添加文本框控件并设置数据源,使之与页面页眉节中的 3 个标签对齐并与之相对应,如图 5-18 所示。

(5) 设计完成后,我们可以选择报表视图查看效果,如图 5-19 所示,如果不合适,我们可以回到设计视图中进行修改,包括修改字体大小、颜色以及报表布局等。

图 5-17　设置报表的记录源

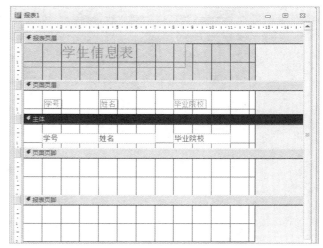

图 5-18　创建后的报表

图 5-19　报表的预览

2. 排序与分组报表

在实际应用过程中，经常需要按照某个指定的顺序来排列记录，例如，按照年龄从小到大的顺序排列等，这就是报表的"排序"操作。此外，设计报表时还经常需要就某个字段按照其值的相等与否划分成组来进行一些统计操作并输出统计信息，这就是报表的"分组"操作。

【例 5-6】在"学生成绩管理系统"数据库中利用报表设计按钮建立学生成绩报表，并按课程编号分组，按学号升序排列。

具体操作步骤如下。

(1) 与例 5-5 的创建方法一样，我们把报表创建好后，然后再进行分组。

(2) 排序与分组。在报表空白位置右击，在出现的快捷菜单中选择"排序和分组"命令，会在界面的下面出现一个"分组、排序和汇总"子界面，先单击"添加组"按钮，设置分组字段是"课程编号"，升序；然后单击"添加排序"按钮，设置排序字段为"学号"，这时会在报表页面中出现一个新的节"课程编号页眉"，将主体节中名称为"课程编号"的文本框拖动到"课程编号页眉"节并排列各个对象，如图 5-20 所示。

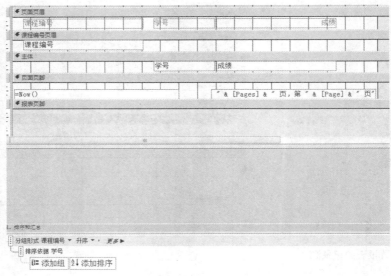

图 5-20　排序与分组

(3) 保存报表并查看预览效果。

3. 报表的计算

在报表的实际应用中，经常需要对报表中的数据进行一些计算。报表中的计算最主要是实现记录的汇总计算，对汇总计算可以利用"报表向导"的"汇总选项"来实现报表内某些数据字段的汇总，但对于大多数的汇总都是在设计视图中通过某些计算控件来完成的。

在报表中对每个记录进行数值计算，首先要创建计算控件，在报表中用得最多的计算控件是文本框。

【例 5-7】创建"学生表"报表，根据学生的"出生日期"计算学生年龄，并对记录进行编号。

具体操作步骤如下。

(1) 创建"学生表"报表。

(2) 编辑"出生日期"标签及文本框控件。在"开始"选项卡的"视图"组中选择"视图"中的"设计视图"，在报表的设计视图中将"页面页眉"节中的"出生日期"标签改为"年龄"，将"主体"节中的"出生日期"文本框删除。

(3) 设置"年龄"文本框属性。在"设计"选项卡的"控件"组中单击"文本框"按钮，将文本框控件添加到"主体"节中，并将文本框的附加标签去掉。右击文本框，在弹出的快捷菜单中选择"属性"命令，在打开的"属性表"窗格的"控件来源"属性中，输入"=Year(Date())-Year([出生日期])"，如图 5-21 所示。

(4) 设置"编号"文本框属性。在"设计"选项卡的"控件"组中单击"文本框"按钮，将文本框拖动到"主体"节的最前面，右击文本框，在弹出的快捷菜单中选择"属性"命令，在出现的窗格中设置"控件来源"属性为"=1"，设置"运行总和"属性为"全部之上"，如图 5-22 所示。同时将文本框的附加标签拖动到"页面页眉"节中，并修改标签内容为"编号"。

图 5-21　设置年龄

图 5-22　设置编号

5.3　创建主/子报表

要创建主/子报表，可以通过在一个报表中链接两个或多个报表的方法实现，链接的报表称为主报表，插在其他报表中的报表为子报表。需要注意的是，在创建主/子报表之前，主报表和子报表所应用的表的关联关系必须要建立好。

【例 5-8】利用"报表设计"按钮创建学生成绩报表。

具体操作步骤如下。

(1) 创建子报表。打开"学生成绩管理系统"数据库，先利用"报表向导"建立子报表，命名为"成绩子报表"。

(2) 设计主报表。在"创建"选项卡的"报表"组中单击"报表设计"按钮，在新增的选项卡中选择"设计"选项卡，在"工具"组中单击"添加现有字段"按钮，在出现的"字段列表"窗口中选中"学生情况表"里的"学号""姓名""毕业院校"3 个字段，将它们拖动到主体节区。

(3) 添加"子窗体/子报表"控件。在"设计"选项卡中选择"控件"组中的"子窗体/子报表"控件，如图 5-23 所示，添加"子窗体/子报表"控件到主体节区，在出现的如图 5-24 所示的"子报表向导"对话框中选择"成绩子报表"选项，一直单击"下一步"按钮完成子报表的添加。

图 5-23　选择"子窗体/子报表"控件

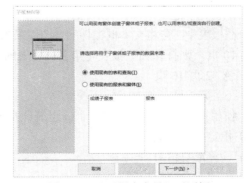
图 5-24　"子报表向导"对话框

(4) 保存结果，在报表视图中浏览并查看报表。

5.4　小结

通过对本章内容的学习，读者应该了解报表的概念和功能；掌握使用报表向导创建报表、使用简便方法创建报表、使用报表设计视图创建报表、使用向导创建标签和图表的方法；了解报表的预览和打印。

5.5 练习题

选择题

1. 报表设计视图中，不能使用的是( )。
   A. 列表框　　　　B. 文本　　　　C. 图形　　　　D. 页眉页脚
2. 要在报表的页脚输出当前的系统日期和时间，则应将相应文本框的控件来源属性设置为( )。
   A. =SystemDate()　　B. =SysTime()　　C. =Now()　　D. =Time()
3. 在设计报表时，为了在报表的每页底部输出单位名称信息，应设置的是( )。
   A. 页面页脚　　　B. 报表主体　　　C. 报表页脚　　　D. 报表页眉
4. 在报表视图中，能够预览输出结果，并且又能够对控件进行调整的视图是( )。
   A. 设计视图　　　B. 报表视图　　　C. 布局视图　　　D. 打印视图
5. 在设计视图中，若没有设置条件，但对某一字段的"总计"行选择了"计数"选项，则含义是( )。
   A. 统计符合条件的记录个数，包括 Null(空)值
   B. 统计符合条件的记录个数，不包括 Null(空)值
   C. 统计全部记录的个数，包括 Null(空)值
   D. 统计全部记录的个数，不包括 Null(空)值
6. 在设计报表时可以绑定控件显示数据的是( )。
   A. 文本框　　　　B. 标签　　　　C. 命令按钮　　　　D. 图像
7. 在报表中，若将文本框控件的"控件来源"属性设置为=[page]&"页/"&[pages]&"页"，该报表共 10 页，则打印预览报表时第 2 页报表的页码输出为( )。
   A. 2 页/10 页　　　　　　　　　　B. 1 页，10 页
   C. 第 2 页，共 10 页　　　　　　　D. =2 页/10 页
8. 使用报表设计视图创建一个分组统计报表，包括以下几个步骤：
   ① 指定报表的数据来源
   ② 计算汇总信息
   ③ 创建一个空白报表
   ④ 设置报表排序和分组信息
   ⑤ 添加或删除各种控件
   正确的操作步骤为( )。
   A. ①②③④⑤　　B. ③①⑤④②　　C. ③①②④⑤　　D. ⑤④③②①
9. 组统计信息显示的区域是( )。
   A. 报表页眉或报表页脚　　　　　B. 页面页眉或页面页脚
   C. 组页眉或组页脚　　　　　　　D. 主体

10. 在报表中,将文本框的"控件来源"属性设置为"IIf(([Page] Mod 2 = 0),"页" & [Page],"")", 则下列说法中正确的是( )。

    A. 只显示奇数页码　　　　　　　　B. 只显示偶数页码

    C. 只显示当前页码　　　　　　　　D. 显示全部页码

11. 报表设计视图下的( )按钮是窗体设计视图下的工具栏中没有的。

    A. 排序与分组　　B. 代码　　C. 字段列表　　D. 工具箱

12. 在报表中,要计算"数学"字段的平均分,应将控件的"控件来源"属性设置为( )。

    A. =Avg([数学])　B. Avg(数学)　C. =Avg[数学]　D. =Avg(数学)

13. 下列叙述中,正确的是( )。

    A. 在窗体和报表中均不能设置页面页眉

    B. 在窗体和报表中均可以根据需要设置页面页眉

    C. 在窗体中可以设置页面页眉,在报表中不能设置页面页眉

    D. 在窗体中不能设置页面页眉,在报表中可以设置页面页眉

14. 打开报表后,下列事件中首先发生的是( )。

    A. 获得焦点(GotFocus)　　　　　　B. 改变(Change)

    C. 激活(Activate)　　　　　　　　D. 成为当前(Current)

5.6 实训项目

【实训目的及要求】

1. 掌握 Access 报表的创建方法。
2. 掌握报表中排序与分组的方法。
3. 掌握报表中的数值计算操作。

【实训内容】

实训一

"实训一"文件夹下存在一个"samp13.accdb"数据库文件,里面已经设计好表对象"tBand"和"tLine",同时还设计出以"tBand"和"tLine"为数据源的"rBand"报表对象。试在此基础上按照以下要求补充报表设计。

(1) 在报表的报表页眉节位置添加一个标签控件,其名称为"bTitle",标题显示为"旅游线路信息表",字体名称为"宋体",字体大小为22,字体粗细为"加粗",倾斜字体为"是"。

(2) 预览报表时,报表标题显示为"**月#######",请按照 VBA 代码中的指示将代码补充完整。

注意:①显示标题中的月为本年度当月,"#######"为标签控件"bTitle"的内容;②如果月份小于 10,按实际位数显示。

要求:本年度当月的时间必须使用函数获取。

(3) 在"导游姓名"字段标题对应的报表主体区位置添加一个文本框控件,显示出"导游姓名"字段值,并将该控件命名为"tName"。

(4) 在报表的适当位置添加一个文本框控件，计算并显示每个导游带团的平均费用，文本框控件名称为 tAvg。

注意：
报表的适当位置是指报表的页脚、页面页脚或组页脚。

注意：
不允许改动数据库文件中的"tBand"和"tLine"表对象，同时也不允许修改"rBand"报表对象中已有的控件和属性。程序代码只允许在"*******Add******"与"*******Add******"之间的空行内补充一行语句以完成设计，不允许增删和修改其他位置已存在的语句。

实训二

"实训二"文件夹下存在一个"samp23.accdb"数据库文件，里面已经设计好"tStud"表对象、"qStud"查询对象和"fTimer"窗体对象，同时还设计出以"qStud"为数据源的"rStud"报表对象。试在此基础上按照以下要求补充报表和窗体设计。

(1) 在报表的报表页眉节添加一个标签控件，其名称为"bTitle"，显示内容为"学生信息表"。预览报表时，报表标题显示内容为"****年度#####"，请按照 VBA 代码中的指示将代码补充完整。

说明：
① 显示的标题中，"****"为本年度年份，要求使用函数获取。
② 显示的标题中，"#####"为"bTitle"标签控件中的内容。
要求：标题显示的内容中间和前后不允许出现空格。

(2) 在报表的主体节区添加一个文本框控件，显示"姓名"字段值。该控件放置在距上边 0.1 厘米、距左边 3.2 厘米，并将该控件命名为"tName"。

(3) 按"编号"字段前四位分组统计每组记录的平均年龄，并将统计结果显示在组页脚节区。将计算控件命名为"tAvg"。
要求：使用分组表达式进行分组。

(4) 有一个名为"fTimer"的计时器窗体。运行窗体后，窗体标题自动显示为"计时器"；单击"设置"按钮(名称为"cmdSet")，在弹出的输入框中输入计时秒数(10 以内的数)；单击"开始"按钮(名称为"cmdStar")开始计时，同时在文本框(名称为"txtList")中显示计时的秒数。计时时间到时，停止计时并响铃，同时将文本框清零。根据以上描述，按照 VBA 代码中的指示将代码补充完整。

注意：
不允许改动数据库中的"tStud"表对象和"qStud"查询对象，同时也不允许修改"rStud"报表对象和"fTimer"窗体对象中已有的以及未涉及的控件和属性。程序代码只允许在"*******Add******"与"*******Add******"之间的空行内补充一行语句以完成设计，不允许增删和修改其他位置已存在的语句。

第 6 章 宏

6.1 宏的概述

宏是由一个或多个操作命令组成的集合，其中每个操作命令执行特定的功能。例如，排序、查询和打印操作等。可以通过创建宏来自动执行一项重复的或者复杂的任务，或执行一系列复杂的任务。

在 Access 2016 中，宏的功能得到加强，它是一种可自动执行命令、任务的工具。例如，如果向窗体添加命令按钮，会将该按钮的事件与宏关联，该宏包含你希望每次单击按钮时执行的命令。利用宏和窗体、报表功能的结合能够极大地提升 Access 数据库的功能。

在 Access 2016 中，把宏视为简化的编程语言会很有帮助，编写这种语言，只需要执行简单的操作命令列表。在宏的设计窗口中，可从下拉列表中选择需要的操作命令，之后填写每个操作命令对应的参数。把宏的功能添加进窗体、报表和控件中，无须利用复杂的 VBA 模块就能实现很多实用、灵活的功能。当然，宏也提供了 VBA 的部分命令。

为了确保表数据的准确性，在 Access 2016 中可以使用数据宏。在数据表视图查看表时，可以通过"表格工具"的"表"选项卡管理数据宏，有两种主要的数据宏类型：一种是由表事件触发的数据宏(也称事件驱动的宏)，比如，在"表格工具"的"表"选项卡中单击"前期事件"组中的"更新前"按钮，进入"宏工具"设计窗口，这时候设计的宏就是在此表数据更新前触发的数据宏；另一种是使用"表格工具"的"表"选项卡中的"已命名的宏"按钮创建的数据宏。读者可以看到，数据宏不显示在导航窗格的"宏"中。

6.1.1 宏的设计窗口

与查询、窗体类似，一般利用宏的设计窗口去创建一个宏，在宏的设计窗口中需要详细地设置添加的操作命令和操作命令的参数区域。

在参数区域的左侧设置相关的操作命令参数，在参数区域的右侧显示相应操作命令参数的提示信息，如图 6-1 所示。

图 6-1 操作命令的参数区域

进入宏的设计窗口后,可以看到每一行可以添加一个宏的操作命令,单击每一行右侧的"添加新操作"下拉按钮,在打开的下拉列表中会显示出 Access 的每个宏操作命令,可以在其中选择需要的宏操作命令,如图 6-2 所示。

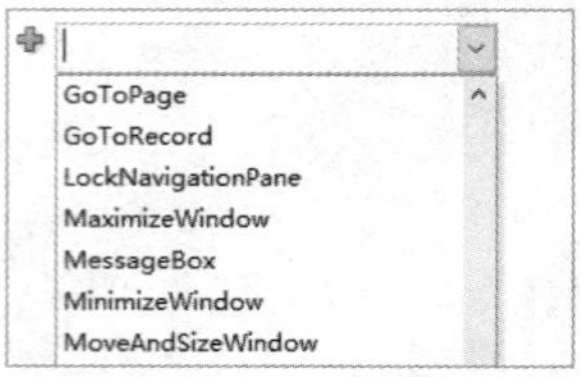

6.1.2 "宏工具"的"设计"选项卡

图 6-2 宏的操作命令

进入宏的设计窗口后,Access 的功能区中会出现一个"宏工具"的"设计"选项卡。在"宏工具"的"设计"选项卡中,有一些与宏操作相关的工具按钮,如图 6-3 所示。

图 6-3 "宏工具"的"设计"选项卡

6.1.3 宏的分类

要掌握 Access 中的宏,就必须掌握最重要的 3 类宏,分别是操作序列宏、宏组和条件宏。

1. 操作序列宏

我们可以把操作序列宏看作程序设计语言中的顺序语句,是一系列的宏操作组成的序列,Access 按照添加的操作命令的先后顺序从上往下依次执行。操作序列宏如图 6-4 所示。

图 6-4 操作序列宏

图 6-4 中包含以下两个宏操作命令。

(1) 执行 OpenQuery 操作命令,运行"数学成绩优秀学生"查询,同时设置该查询操作的"数据模式"参数为"只读"。

(2) 执行 MessageBox 操作命令,可以弹出一个"已打开"对话框。

2. 宏组

我们可以把宏组看作程序设计语言中的类或者模块,是在同一个宏窗口中包含多个宏的集合。宏组中的每个宏单独运行,互相没有关联。在设计窗口中创建宏组时,需先将"宏名"列打开,然后将每个宏的名字加入到它的第一项操作命令左边的宏名列中。同一宏组的所有操作命令的宏名列中,只能在第一项操作命令的左边填入宏名。创建具有 Beep 和 MessageBox 两个宏操作命令的"宏组 1",如图 6-5 所示。

图 6-5　宏组

3. 条件宏

我们可以把条件宏看作程序设计语言中的条件选择语句，条件宏是指带有条件列的宏。在条件列中指定某些条件，如果条件成立，则执行对应的操作；如果条件不成立，则跳过对应的操作。条件宏可以执行诸如二选一、多选一的一些操作，如图 6-6 所示。

图 6-6　条件宏

6.2　常用的宏操作命令和参数设置

在 Access 中提供了 50 多个宏操作命令，要熟练地使用宏对象，必须掌握一些常用的操作命令以及它们对应的参数设置信息。

6.2.1　常用的宏操作命令

1. 打开、保存或关闭数据库对象

OpenTable：用于打开数据表。
OpenForm：用于打开窗体。
OpenReport：用于打开报表。
OpenQuery：用于打开查询。
Save：用于保存当前对象。
Close：用于关闭指定的数据库对象。

2. 运行和控制流程

RunSQL：用于执行指定的 SQL 语句。
RunApp：用于执行指定的外部应用程序。
RunCode：用于执行 VB 的过程。
RunCommand：用于执行 Access 的菜单命令。
RunMacro：用于执行一个宏。
Quit：用于退出 Access。
Close：用于关闭指定的表、窗体等对象。

3. 设置值

SetValue：用于设置控件、字段或属性的值。

SetWarning：用于关闭或打开系统的所有消息。

4. 记录操作

Requery：用于指定控件重新查询，即刷新控件数据。

FindRecord：用于查找满足指定条件的第1条记录。

FindNext：用于查找满足指定条件的下一条记录。

GoToRecord：用于指定当前记录。

5. 控制窗口

Maximize：使窗口最大化。

Minimize：使窗口最小化。

Restore：将窗口恢复为原始大小。

MoveSize：移动并调整窗口。

6. 通知或警告

Beep：用于使计算机发出"嘟嘟"声。

MessageBox：用于弹出消息框。

7. 菜单操作

AddMenu：用于为窗体或报表添加自定义的菜单栏，菜单栏中每个菜单都需要一个独立的AddMenu操作，也可以定义快捷菜单。

SetMenuItem：用于设置活动窗口自定义菜单栏中的菜单项状态。

8. 导入和导出数据

TransferDatabase：用于从其他数据库导入数据或向其他数据库导出数据。

TransferText：用于从文本文件导入数据或以文本文件导出数据。

TransferSpreadsheet：用于从电子表格中导入数据或以电子表格导出数据。

6.2.2 宏操作命令的参数设置

在宏中添加某个操作命令之后，可以在宏设计窗口的下部设置这个操作命令的相关参数。设置说明如下。

(1) 可以从下拉列表中选择某个设置，也可以在参数框中直接输入数值。

(2) 通常按参数的排列顺序来设置操作命令的参数。

(3) 如果通过从"数据库"窗口拖动数据库对象的方式向宏中添加操作命令，系统会自动设置适当的参数。

(4) 如果宏操作命令中有调用数据库对象名的参数，则可以将对象从"数据库"窗口中拖动到参数框，从而由系统自动设置操作命令及对应的对象类型参数。

(5) 许多操作命令的参数可以用前面加等号"="的表达式来设置。

6.3 创建宏

6.3.1 创建操作序列宏

【例6-1】创建一个宏,将宏命名为Mymacro,宏中包含两个操作命令,分别是MessageBox和OpenTable,这个宏的作用是弹出一个提示对话框,提示"打开学生成绩表",关闭对话框后将打开"学生成绩表"。

创建操作序列宏的步骤如下。

(1) 在数据库窗口中,单击"创建"选项卡。
(2) 单击功能区中的"宏"按钮,打开宏设计窗口。
(3) 单击"操作命令"列的第1个单元格,单击右侧的向下箭头,打开操作命令列表,在列表中选择MessageBox操作命令。
(4) 在"注释"列中输入说明信息。
(5) 在宏设计窗口的下半部分设置操作命令的参数。这里设置"消息"的属性值为"打开学生成绩表",如图6-7所示。

图6-7 创建操作序列宏

(6) 单击下一行,选择OpenTable操作命令。
(7) 在"注释"列中输入"打开表"。
(8) 设置操作命令的参数:"表名称"为"学生成绩表","视图"为"数据表","数据模式"为"只读"。
(9) 单击"保存"按钮保存宏,在弹出的"另存为"对话框中输入"Mymacro",单击"确定"按钮,宏创建完毕。
(10) 运行创建好的宏"Mymacro",弹出提示对话框,如图6-8所示。单击"确定"按钮关闭对话框,将打开"学生成绩表"的数据表视图。

图6-8 运行操作序列宏

6.3.2 创建宏组

【例6-2】创建一个宏组，宏组名为 Mymacrogroup，其中包含 Macro1 和 Macro2 两个宏。Macro1 和 Macro2 分别包含"OpenTable""MessageBox"和"Close"3 个操作命令，分别用于打开"学生信息表"和"学生成绩表"。

创建宏组的步骤如下。

(1) 在数据库窗口中，单击"创建"选项卡。
(2) 单击功能区中的"宏"按钮，打开宏设计窗口。
(3) 单击"宏名"按钮，使该按钮处于按下状态，此时宏设计窗口中会增加一个"宏名"列。
(4) 在"宏名"列内输入宏组中的第一个宏的名称 Macro1。
(5) 分别添加需要宏执行的操作命令。

OpenTable："表名称"为"学生信息表"。
MessageBox："消息"为"这是第一个消息框"。
Close："表名称"为"学生信息表"。

(6) 重复步骤(4)和(5)定义 Macro2，这里的"表名称"为"学生成绩表"。
(7) 单击"保存"按钮保存宏组"Mymacrogroup"，如图6-9所示。

图 6-9 创建宏组

运行宏组中的宏有以下 3 种方法。
(1) 双击运行宏组中的第一个宏。
(2) 通过 RunMacro 方法来调用，格式：宏组名.宏名。
(3) 通过控件的事件来调用。

运行宏组中的宏以后的结果如图6-10所示。

图 6-10 运行宏组中的宏

6.3.3 创建条件宏

【例6-3】创建一个条件宏：ConMacro，其中包含 1 个条件 IsNull ([学号])，当"学生信息表"窗体中的"学号"字段绑定的文本框"失去焦点"时，执行该宏。当条件为"真"时，执行宏中的 MessageBox 操作命令，提示"学号字段不能为空！"。

创建条件宏的步骤如下。

(1) 在数据库窗口中，单击"创建"选项卡。

(2) 单击功能区中的"宏"按钮，打开宏设计窗口。

(3) 单击"操作命令"列的第 1 个单元格，单击右侧的向下箭头，打开操作命令列表，在列表中选择 if 操作命令，创建如图 6-11 所示的条件宏。

图 6-11　创建条件宏

条件是逻辑表达式，有"真"和"假"两个返回值。当条件成立时，表达式返回的值为"真"。当条件不成立时，表达式返回的值为"假"。宏将根据条件生成的结果，选择不同的路径去执行。

(4) 在"条件"列输入"IsNul1([学号])"。在输入条件表达式时，可以使用如下的语法引用窗体或报表上的控件值。

Forms! [窗体名]![控件名]

或者

Reports! [报表名]![控件名]

(5) 在"操作命令"列选择 MessageBox 操作命令，设置"消息"参数为"学号字段不能为空!"。如果要添加更多的操作命令，则移动到下一个操作命令行。如果该行的条件与上一行的条件相同，只需在相应的"条件"栏输入省略号(...)即可。

(6) 在设计视图中打开"学生信息表"窗体，打开"学号"文本框的"属性表"窗格，在"事件"选项卡的"失去焦点"事件中选择 ConMacro 宏。保存对窗体的修改。运行窗体，当光标离开"学号"文本框时，会弹出对话框。

6.4　宏的运行和调试

6.4.1　宏的运行

1. 直接运行宏

执行下列操作之一可以直接运行宏。

(1) 单击"运行"按钮。

(2) 双击相应的宏名。

(3) 执行"数据库工具"选项卡→"宏"→"运行宏"命令。

2. 运行宏组中的宏

执行下列操作之一可以运行宏组中的宏。

(1) 将宏指定为窗体或报表的事件属性，或指定为 RunMacro 操作命令的宏名参数。

(2) 执行"数据库工具"选项卡→"宏"→"运行宏"命令。

3. 在窗体、报表或控件的响应事件中运行宏或事件

在 Access 中，可以通过选择运行宏或事件过程来响应窗体、报表或控件上发生的事件。操作步骤如下。

(1) 在设计视图中打开窗体或报表。

(2) 设置窗体、报表或控件的有关事件属性为宏的名称或事件过程。

4. 在 VBA 中运行宏

在 VBA 中运行宏，要使用 DoCmd 对象中的 RunMacro 方法。

语句格式： Docmd. RunMacro "宏名"。

6.4.2 宏的调试

单步方式运行 ConMacro 宏的操作步骤如下。

(1) 在设计视图中打开 ConMacro 宏。

(2) 在"宏工具"的"设计"选项卡中单击"工具"组中的"单步"按钮，使其处于按下状态。

(3) 单击"工具"组中的"运行"按钮，屏幕显示"单步执行宏"对话框。

(4) 单击"单步执行"按钮，以执行其中的操作。

(5) 单击"停止所有宏"按钮，停止宏的执行并关闭对话框。

(6) 单击"继续"按钮，执行宏的下一个操作命令。

在单步执行宏时，对话框中列出了每一步所执行的宏操作命令"条件"是否成立以及操作命令名称和操作命令参数。由此可以得知宏的操作命令是否按预期执行。如果宏的操作命令有误，则会显示"操作失败"对话框，如图 6-12 所示。

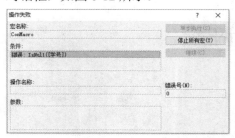

图 6-12 "操作失败"对话框

6.5 小结

通过本章的学习，我们了解了宏的基本概念，学会了如何在项目中进行宏的操作，掌握了

各类宏的特点。

宏的操作命令是 Access 数据库的重要组成部分。本章简要介绍了几种重要的宏操作命令(打开/关闭数据库对象、运行和控制流程、设置值、记录操作、控制窗口、通知/警告、菜单操作、导入和导出数据)。

本章还介绍了在数据库中创建宏的基本步骤，以及如何对宏进行运行和调试。

6.6 练习题

1. 在"仓库管理"系统中，每出库一种商品，需要在"出库"表中增加一条出库记录，同时将"库存"表中的"库存量"字段减掉出库数量。为了实现上述功能，应该进行的操作是(   )。
   A. 在"出库"表的插入后事件上创建数据宏
   B. 在"出库"表的更新后事件上创建数据宏
   C. 在"库存"表的更新后事件上创建数据宏
   D. 在"库存"表的插入后事件上创建数据宏

2. 以下关于宏操作命令 QuitAccess 的叙述中，正确的是(   )。
   A. 可以设置不保存当前数据库退出 Access
   B. 只关闭当前数据库，不保存所有修改
   C. 自动保存所有修改后关闭当前数据库
   D. 若将"选项"参数设置为"退出"，则自动保存所有修改后退出 Access

3. 若用宏命令 SetValue 将窗体中的文本框"txt"清空，该宏命令的"表达式"参数应设置为(   )。
   A. =""   B. ""   C. =0   D. 0

4. 在登录窗体 Form1 上有一个用于输入密码的文本框 Text1 和一个验证按钮 Command1，已经设置单击该按钮后执行独立宏 Macro1 以验证输入的密码。以下能够正确运行 Macro1 宏的操作是(   )。
   A. 单击登录窗体中的验证按钮 Command1
   B. 双击导航窗格中的 Macro1 宏
   C. 在 VBA 程序 Module1 中运行 Macro1 宏
   D. 在 Text1 文本框中输入密码后按确认键

5. 在一个操作序列宏中，如果需要提前退出该宏，应该使用的宏操作命令是(   )。
   A. CloseWindow   B. StopAllMacro   C. QuitAccess   D. StopMacro

6. 宏组 M1 中有 Macro1 和 Macro2 两个子宏，下列叙述中错误的是(   )。
   A. 如果调用 M1 则顺序执行 Macro1 和 Macro2 两个子宏
   B. 创建宏组 M1 的目的是方便对两个子宏的管理
   C. 可以用 RunMacro 宏操作命令调用 Macro1 或 Macro2
   D. 调用 M1 中 Macro1 宏的正确形式是 M1.Macro1

7. 要在一个窗体的某个按钮的单击事件上添加动作，可以创建的宏是(   )。
   A. 只能是独立宏   B. 只能是嵌入宏

　　　　C. 可以是独立宏，也可以是数据宏　　　　D. 可以是独立宏，也可以是嵌入宏
　　8. 宏组"打开"中有一个名为"打开职员窗体"的宏，引用该宏的正确形式为(　　)。
　　　　A. 打开.打开职员窗体　　　　　　　　B. 打开职员窗体!打开
　　　　C. 打开职员窗体.打开　　　　　　　　D. 打开!打开职员窗体
　　9. 如果要在已经打开的窗体中的某个字段上使用宏操作命令 FindRecord 进行查找和定位，首先应该进行的操作是(　　)。
　　　　A. 用宏操作命令 GoToControl 将焦点移到指定的字段或控件上
　　　　B. 用宏操作命令 SetValue 设置查询条件
　　　　C. 用宏操作命令 GoToRecord 将首记录设置为当前记录
　　　　D. 用宏操作命令 GoToPage 将焦点移到窗体指定页的第一个控件上
　　10. 以下关于宏的叙述中，错误的是(　　)。
　　　　A. 与窗体连接的宏属于窗体中的对象　　B. 构成宏的基本操作也称为宏命令
　　　　C. 可以通过触发某一事件来运行宏　　　D. 宏是由一个或多个操作命令组成的集合
　　11. 在宏的参数中，要引用 F1 窗体上的 Text1 文本框的值，应该使用的表达式是(　　)。
　　　　A. [Forms]![F1]![Text1]　　　　　　　B. Text1
　　　　C. [F1].[Text1]　　　　　　　　　　　D. [Forms]_[F1]_[Text1]
　　12. 为窗体或报表的控件设置属性值的正确的宏操作命令是(　　)。
　　　　A. Set　　　　B. SetData　　　　C. SetValue　　　　D. SetWarnings
　　13. 有一个"教师信息浏览"窗体，其中，若要用宏命令 GoToControl 将焦点移到"教师编号"字段上，则应将该宏命令的"控件名称"参数设置为(　　)。
　　　　A. [Forms]![教师信息浏览]![教师编号]　B. [教师信息浏览]![教师编号]
　　　　C. [教师编号]![教师信息浏览]!　　　　D. [教师编号]
　　14. 要在一个窗体的某个按钮的单击事件上添加动作，可以创建的宏是(　　)。
　　　　A. 只能是独立宏　　　　　　　　　　　B. 只能是嵌入宏
　　　　C. 独立宏或数据宏　　　　　　　　　　D. 独立宏或嵌入宏
　　15. 以下关于宏的叙述中，错误的是(　　)。
　　　　A. 可以在宏中调用另外的宏　　　　　　B. 宏支持嵌套的 If…Then 结构
　　　　C. 宏和 VBA 均有错误处理功能　　　　D. 可以在宏组中建立宏组
　　16. 如果要对窗体上数据集的记录进行排序，应使用的宏命令是(　　)。
　　　　A. ApplyFilter　　　B. FindRecord　　　C. SetValue　　　D. ShowAllRecords
　　17. 以下关于宏的叙述中，正确的是(　　)。
　　　　A. 可以将 VBA 程序转换为宏对象　　　　B. 可以将宏对象转换为 VBA 程序
　　　　C. 可以在运行宏时修改宏的操作参数　　D. 与窗体连接的宏属于窗体中的对象
　　18. 保存当前记录的宏命令是(　　)。
　　　　A. Docmd.SaveRecord　　　　　　　　　B. Docmd.SaveDatabase
　　　　C. SaveRecord　　　　　　　　　　　　D. SaveDatabase
　　19. 窗体上有一个按钮，当单击该按钮后窗体标题改变为"信息"，则设计该按钮对应的宏时应选择的宏操作命令是(　　)。
　　　　A. AddMenu　　　B. RepaintObject　　　C. SetMenuItem　　　D. SetProperty

20. 使用宏设计器，不能创建的宏是( )。
   A. 操作系列宏　　　B. 复合宏　　　　C. 宏组　　　　D. 条件宏

6.7 实训项目

【实训目的及要求】

1. 掌握几种宏的创建方法。
2. 了解宏的特性。
3. 掌握宏与宏组的创建方法。
4. 学会利用宏建立菜单。

【实训内容】

实训一

1. 利用宏编辑器创建一个 macro 宏，其作用是打开数据库中的已知表"商品"。
2. 在数据库中创建一个宏组"marco group"，打开多个表，宏组由"macro1"和"macro2"两个宏组成，其中，macro1 的功能是打开"订单"表；Macro2 的功能是关闭"订单"表和打开"订单明细"表。
3. 在数据库中创建一个"打开表"窗体，其中包含命令按钮，通过命令按钮控件运行宏组打开多个表。
4. 在数据库中创建"密码验证"窗体，并为它编写一个简单的验证程序，程序逻辑是如果密码输入正确，打开"关于"窗体，否则显示"密码错误"信息，继续输入密码。

实训二

在实训一的基础上建立一个完整的密码管理窗体。该窗体的记录源为个人密码表，结构为密码表(学号、姓名、班级、口令)。

第 7 章 模块与VBA程序设计基础

前一章讲述的宏对象可以完成事件的响应处理，例如，打开和关闭窗体、报表等。但是，宏的使用也有一定的局限性，一是它只能实现一些简单的操作，对于复杂条件和循环等结构则无能为力；二是宏对数据库对象的处理能力也很弱，例如，对表对象或查询对象的处理。在Access中，用特定的计算机语言编写的语句块由模块对象组织在一起成为一个整体，利用模块可以将各个数据库对象连接起来，构成一个完整的数据库应用系统。

与宏相比，VBA(Visual Basic for Applications)模块在以下几个方面具有优势。
- 使用模块可以使数据库的维护更加简单。
- 用户可以创建自己的过程、函数，用来执行复杂的计算或操作。
- 利用模块可以操作数据库中的任何对象，包括数据库本身。

7.1 模块的基本概念

模块是Access 2016数据库中的一个重要对象，模块是用VBA语言编写的声明和过程的集合。声明是由Option语句配置模块中的整个编程环境，包括定义变量、常量、用户自定义类型。过程可以是事件处理过程或通用过程。一个模块可能含有一个或多个过程，其中每个过程都是一个函数过程或者子程序。过程包含VBA代码，即语句的程序块，用于完成特定的任务。

从与其他对象的关系来看，模块可以分为类模块和标准模块两种基本类型。

1. 类模块

类模块是可以定义新对象的模块。新建一个类模块，也就是创建了一个新对象。模块中定义的过程将变成该对象的属性或方法。

窗体模块和报表模块都属于类模块，它们从属于各自的窗体或报表。在窗体或报表的设计视图环境下可以用两种方法进入相应的模块代码设计区域：一种是单击"代码"按钮进入；另一种是为窗体或报表创建事件过程时，系统会自动进入相应的代码设计区域。

窗体模块和报表模块通常都含有事件过程，而过程的运行用于响应窗体或报表土的事件。使用事件过程可以控制窗体或报表的行为以及它们对用户操作的响应。

窗体模块和报表模块中的过程可以调用标准模块中已经定义好的过程。

2. 标准模块

标准模块一般用于存放供其他 Access 数据库对象使用的公用过程。在 Access 系统中可以通过创建新的模块对象进入其代码设计环境。

标准模块通常安排一些公用变量或过程，供类模块里的过程调用。在各个标准模块内部也可以定义私有变量和私有过程，仅供本模块内部使用。

7.2 模块的创建

7.2.1 创建模块的方法

模块是VBA代码的容器。在窗体或报表的设计视图里，单击"创建"选项卡的"宏与代码"组中的"模块"按钮或"Visual Basic"按钮，或者在窗体或报表的设计视图下，单击"窗体设计工具"选项卡的"工具"组中的"查看代码"按钮，进入VBE窗口，如图 7-1 所示。

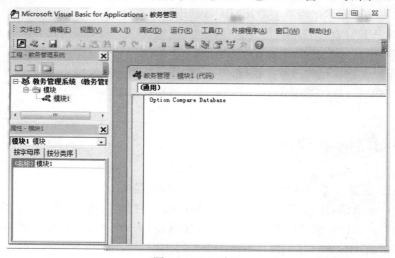

图 7-1　VBE 窗口

一个模块包含一个声明区域、一个或多个子过程(以 Sub 开头)或函数过程(以 Function 开头)。模块的声明区域用来声明模块使用的变量等项目。例如，在图 7-1 所示窗口的第一个模块中创建一个 SayHello 过程，代码如下：

```
Sub SayHello()
    [程序代码]
End Sub
```

[程序代码]中可加入相关功能代码，如图 7-2 所示。

将光标置于过程中，单击代码窗口中的"运行"按钮 ▶，SayHello 过程就被执行，结果如图 7-2 所示。

图 7-2 运行结果

7.2.2 宏和模块之间的相互转换

如果应用程序需要使用 VBA 模块，则可以将已经存在的宏转换为 VBA 模块的代码。转换的方法取决于代码保存的方式。如果代码可被数据库使用，则从数据库窗口的"宏"选项卡中直接转换。如果需要将代码与窗体或报表保存在一起，则从相关的窗体或报表的设计视图中转换。反之，代码也可以转换成宏，但不是所有的代码都能转换成宏。

7.3 VBA 程序设计基础

7.3.1 VBA 概述

Access 2016 提供了 VBA 编程功能，可以满足有经验的编程人员的需求。在 Access 2016 中用好 VBA，可以方便地开发各种各样的面向对象的应用系统。

Visual 指的是开发图形用户界面(GUI)的方法。Basic 指的 BASIC 语言，这是一种在计算机技术发展史上应用最广泛的语言，VB(Visual Basic)在原有 BASIC 语言的基础上有了进一步发展。

VBA 和 VB 在结构上仍然十分相似，可以认为 VBA 是 VB 的子集。实际上 VBA 是寄生在 VB 应用程序的版本。

因此，VBA 既有结构化程序设计的特点，又有面向对象程序设计的特点，结构化程序设计的特点在 7.4.7 节中有详细描述，这里将引入一些面向对象程序设计的概念。

7.3.2 面向对象程序设计的基本概念

目前，面向对象技术仍是流行的系统设计开发技术，它包括面向对象分析和面向对象程序设计。面向对象程序设计技术的提出，主要是为了解决传统程序设计方法——结构化程序设计所不能解决的代码可重用问题。

一般认为，对象是现实世界具有相同特征事物的具体表现。类是具有相同特征的现实世界事物的抽象和概括，是面向对象程序设计的基础。每个类包含特征和操作，类的特征部分称为数据成员或属性，类的操作部分称为成员函数，有时也称为方法。

关于面向对象需要掌握如下几个基本概念。

1. 对象

Access 采用面向对象程序开发环境，其数据库窗口可以方便地访问和处理表、查询、窗体、报表、宏和模块对象。

一个对象就是一个实体，如一名学生或一台计算机等。每种对象都具有一些属性以相互区分，如学生的学号、姓名等。

对象的属性反映对象的特征，即类模块里定义的对象的数据变量。对象除了属性以外还有方法。对象的方法就是对象可以执行的行为或功能，即类模块里定义的对象的函数或过程，如人走路、说话、睡觉等。一般情况下，对象都具有多个方法。因此，类是对象的概括，对象是类的实例。

Access 应用程序由表、查询、窗体、报表、宏和模块对象构成，形成不同的类。Access 数据库窗体左侧显示的就是数据库的对象类，单击其中的任一对象类，就可以打开相应的对象窗口。而且，其中有些对象(如窗体、报表等)内部还可以包含其他对象控件。

2. 属性和方法

属性和方法描述了对象的特征和行为。其引用方式分别为对象.属性、对象.行为。

Access 中的对象可以是单一对象，也可以是对象的集合。例如，Caption 属性表示"标签"控件对象的标题属性，Reports.Item(0)表示报表集合中的第一个报表对象。数据库对象的属性均可以在各自的设计视图中通过属性窗口进行浏览和设置。

Access 应用程序的各个对象都有一些方法可供调用。了解并掌握这些方法的使用可以极大地增强程序功能，从而写出优秀的 Access 程序。

Access 中除数据库的 6 个对象外，还提供一个重要的对象：DoCmd 对象。它的主要功能是通过调用包含在内部的方法来实现 VBA 编程中对 Access 的操作。

例如，利用 DoCmd 对象的 OpenReport 方法打开"教师信息"报表的语句格式为：

```
DoCmd.OpenReport   "教师信息"
```

打开名为"学生信息登录"窗体的语句格式为：

```
Docmd.OpenForm "学生信息登录"
```

关闭当前窗体，则可以使用以下语句：

```
DoCmd.Close
```

使用 DoCmd 对象的 RunMacro 方法，可以在模块中执行宏。其调用格式为：

```
DoCmd .RunMacro (MacroName)
```

3. 事件和事件过程

事件是对 Access 窗体、报表以及它们之上的控件等对象施加的动作，如单击鼠标、打开窗体或报表等。在 Access 数据库系统里，可以通过两种方式处理窗体、报表或控件的事件响应。

一是使用宏对象设置事件属性；二是为某个事件编写 VBA 代码过程，完成指定动作，这样的代码过程称为事件处理过程，即事件过程。

Access 窗体、报表和控件的事件有很多，一些主要的对象事件参见表 7-1 所示。

表 7-1　Access 主要的对象事件

对象名称	事件动作	动作说明
窗体	Load	窗体加载时发生事件
	UnLoad	窗体卸载时发生事件
	Open	窗体打开时发生事件
	Close	窗体关闭时发生事件
	Click	窗体单击时发生事件
	DblClick	窗体双击时发生事件
	MouseDown	窗体鼠标按下时发生事件
报表	Open	报表打开时发生事件
	Close	报表关闭时发生事件
命令按钮控件	Click	按钮单击时发生事件
	DblClick	按钮双击时发生事件
	Enter	按钮获得输入焦点之前发生事件
	GetFoucs	按钮获得输入焦点时发生事件
文本框控件	BeforeUpdate	文本框内容更新前发生事件
	AfterUpdate	文本框内容更新后发生事件
	Enter	文本框输入焦点之前发生事件
	GetFoucs	文本框获得输入焦点时发生事件
	LostFoucs	文本框失去输入焦点时发生事件
	Change	文本框内容更新时发生事件
	KeyPress	文本框内键盘击键时发生事件
	MouseDown	文本框内鼠标按下时发生事件

例如，新建窗体并在其上放置一个命令按钮，然后创建该命令按钮的"单击"事件处理过程。操作步骤如下。

(1) 在 Access 2016 中新建一个窗体，并在窗体中添加一个命令按钮且将标题命名为"Test"，如图 7-3 所示。

(2) 选择"Test"命令按钮，右击，弹出快捷菜单，选择"属性"命令，打开"属性表"窗格，单击"事件"选项卡并设置"单击"属性为"「事件过程」"选项，以便运行代码，如图 7-3 所示。

图 7-3　为按钮添加一个事件过程

(3) 单击属性栏右侧的"…"按钮,即可进入新建窗体的类模块代码编辑区,如图 7-4 所示。在打开的代码编辑区里,可以发现系统已经为该命令按钮的"单击"事件自动创建了事件过程的代码。

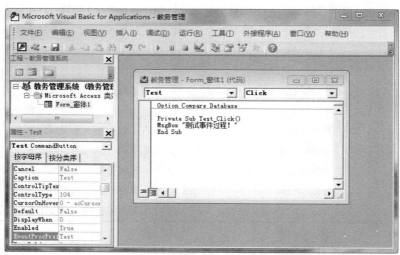

图 7-4　在代码编辑区添加事件代码

代码如下:

```
Private Sub Test_Click()
Msgbox "测试事件过程!"
End Sub
```

(4) 关闭窗体的类模块编辑区回到窗体设计视图,在"文件"选项卡的"视图"组中单击"视图"按钮,在弹出的下拉菜单中选择"窗体视图"命令,如图 7-5 所示,然后将鼠标移动到"Test"命令按钮并单击此按钮,系统会调用设计好的事件过程以响应"单击"事件的发生,其运行结果如图 7-6 所示。

图 7-5 选择"窗体视图"命令

图 7-6 运行结果

7.4 VBA 基础知识

本节介绍 VBA 编程语言的基础知识。

7.4.1 数据类型

在 Access 中可用的数据类型包括标准数据类型和用户自定义数据类型两种。

1. 标准数据类型

VBA 使用类型说明字符或类型符号来定义数据类型,表 7-2 列出了常用的 VBA 类型名称、符号及取值范围等。在使用 VBA 代码中的字节、整数、长整数、自动编号、单精度和双精度数等的常量和变量与 Access 的其他对象进行数据交换时,必须符合数据表、查询、窗体和报表中相应的字段属性。

表 7-2 常用的标准数据类型

数据类型	类型名称	类型符号	占用字节	取值范围
Integer	整型	%	2	-32768~32767
Long	长整型	&	4	-2147483648~2147483647
Single	单精度型	!	4	1.401298E-45~3.402823E38(绝对值)
Double	双精度型	#	8	4.94065645841247E-324~1.79769313486232E308
String	字符型	$	不定	根据实际的字符串长度而定
Currency	货币型	@	8	-922337203685477.5808~922337203685477.5807
Boolean	布尔型	无	2	True 或 False
Date	日期型	无	8	100 年 1 月 1 日~9999 年 12 月 31 日
Variant	变体型	无	不定	由实际的数据类型而定

(1) 数值型数据。数值型数据根据取值范围的大小,分为整型、长整型、单精度型和双精度型。在 VBA 中,数值型数据都有一个有效的取值范围,程序中数据的取值如果超出该类型数据所规定的取值上限,则出现"溢出"错误,程序将终止执行;若小于取值下限,系统则按 0 处理。在使用时,需要根据具体情况,选择合适的数据类型。

(2) 字符型数据。字符型数据是用""定界的符号串。例如,"a"、"ABC"、"123"。注意,字符是区分大小写的,"A"和"a"是不同的字符。字符型可分为变长字符型和定长字符型。

(3) 布尔型数据。布尔型数据只有 True 和 False 两个值。布尔型数据转换为其他类型的数据时，True 转换为 -1，False 转换为 0。其他类型的数据转换为布尔型数据时，0 转换为 False，非 0 转换为 True。

（4）日期型数据。任何可以识别的文本日期数据都可以赋给日期变量。日期型数据必须前后用"#"号定界，例如，#2003/11/12#，否则成了除法表达式。

（5）变体型数据。变体型是一种特殊的数据类型，除了定长字符串类型及用户自定义类型外，可以包含其他任何类型的数据。变体类型还可以包含 Empty、Error、Nothing 和 Null 等特殊值。使用时，可以用 VarType 与 TypeName 两个函数来检查 Variant 中的数据。VBA 中规定，如果没有显式声明或使用符号来定义变量的数据类型，则默认为变体类型。Variant 数据类型十分灵活，但使用这种数据类型最大的缺点在于缺乏可读性，即无法通过查看代码来明确其数据类型。

2. 用户自定义数据类型

Visual Basic 允许用户使用已有的基本数据类型并根据需要自定义复合数据类型，这种数据类型定义后，可以用来声明该类型的数据变量，用于存放表数据记录。

自定义数据类型的语句格式如下：

```
Type 数据类型名
    数据元素名[(下标)] As 类型名
    数据元素名[(下标)] As 类型名
End Type
```

例如，在数据库中定义学生基本情况的数据类型如下：

```
Public Type 学生
    学号  As String*12
    姓名  As String*3
End Type
```

定义完自定义类型后，就可以声明该类型的变量了，例如，可以这样使用：

```
Dim student As  学生
student.学号="201920903128"
student.姓名="胡一飞"
```

7.4.2 常量

常量在程序运行过程中其值保持不变。在编程过程中，对程序中经常出现的常数值，以及难以记忆且无明确意义的数值，通过声明常量可使代码更容易读取与维护。常量在声明之后，不能加以更改或赋予新值。

常量可以分为系统常量和符号常量。系统常量是在 Access 启动时就建立的常量，如 True、False、Yes、No、Null 等。系统常量可以直接使用。符号常量是用户使用保留字 Const 自定义的常量，格式如下：

```
[Public|private] Const <符号常量名> [as <数据类型>]=表达式
```

符号常量在使用前必须予以声明。书写时，符号常量名一般用大写字母表示，以便与变量区分。例如：

```
Const PI = 3.1415926                          '声明了单精度型常量 PI
Public const WELCOME as string="欢迎"         '声明了全局字符型常量 WELCOME
```

7.4.3 变量

变量在程序运行过程中其值可以改变。每个变量都有一个名字。在对变量命名时，要定义变量的类型，变量的类型决定了变量存取数据的类型，也决定了变量能参与哪些运算。一旦定义了某个变量，系统都会在内存中开辟一定的空间保存这个变量，直到释放该变量。

1. 变量的命名原则

在 VBA 的代码中，过程、变量及常量的名称有如下规定。

(1) 最长只能有 255 个字符。

(2) 必须用字母或汉字开头，其他可以包含字母、数字或下画线字符。不能包含除字母、汉字、数字和下画线以外的符号。比如，姓名、name、s_1、s123 是合法的，3s、#num、s*123、_s123 是非法的。

(3) 不能是 Visual Basic 的保留字，不能与函数过程、语句以及方法同名。比如，const、integer、rem、dim 是非法的。

(4) 变量名在同一作用域内不能相同。

2. 变量声明

变量的声明就是定义变量名称及类型，系统会为变量分配存储空间。

用 Dim 语句声明一个变量，语法格式如下：

```
[Public|private] Dim 变量名[As 数据类型]
```

如果在声明变量时，没有指定变量的类型，称为隐式声明，则此变量默认为 Variant 类型。这种声明方式不但增加了程序运行的负担，而且极容易出现数据运算问题，造成程序出错。因此建议初学者不要使用此方法。

如果在声明变量时指定变量的数据类型，称为显式声明。

例如：

```
Dim x                                         '隐式声明，x 为 Variant 类型变量
Dim y As Integer                              '显式声明，y 为整型变量
Dim a As String,b As Currency,c As Integer    '声明了 3 个不同类型的变量
Dim x1%                                       '声明 x1 为整型变量
public y1!                                    '声明 y1 为全局单精度型变量
```

3. 强制声明

在默认情况下，VBA 允许在代码中使用未声明的变量。如果不希望在代码中使用未声明的变量，即所有的变量都要先声明再使用，则可以在模块设计窗口的顶部"通用-声明"区域中，加入如下语句：

```
Option Explicit
```

4. 变量的赋值

声明变量后，变量就指向了内存中的某个单元。

在程序的执行过程中，可以向这个内存单元写入数据，这就是变量的赋值。语句格式如下：

变量名 = 表达式

例如：

Dim x As Integer
X = 3
X = X + 2

赋值号右边的数据类型不一定和变量的类型一致，赋值时，VBA 会自动将其转换为变量的类型。

5. 变量的初始值

变量声明好以后，在使用赋值语句赋值之前，系统会自动为该变量赋一个初始值。

所有数值型变量的初始值均为 0，字符型变量的初始值为空字符串，布尔型变量的初始值为 False。

7.4.4 数组

数组是具有相同数据类型的元素的集合，数组中的各元素有先后顺序，它们在内存中按排列顺序连续存储在一起，所有的数组元素是用一个变量名命名的集合体，使用数组时必须对数组先声明后使用，数组是一种特殊的变量。

1. 定长数组

声明定长数组的形式如下：

Dim 数组名(下标范围 1[,下标范围 2...]) [As 类型]

其中：

下标必须为常数，不可以为表达式或变量。

下标的形式：[下界 To]上界，下界默认为 0。

下面的语句声明了两个数组，其中，a1 是大小为 11 的一维数组，b2 是一个 10×20 的二维数组，c3 是一个 4×5(20)的二维数组。

Dim a1(10) As Integer
Dim b2(1 To 10,1 To 20) As string
Dim c3(1 To 4,4) as Integer

2. 动态数组

动态数组是在声明数组时未给出数组的大小(括号中的下标值为空)，当要使用它时，随时用 ReDim 语句重新指出大小。

例如：

Dim c3()   '定义动态数组 c3
...

ReDim c3(5)   '使用 ReDim 语句指明 c3 数组的大小为 6 个元素

7.4.5 内部函数(系统函数)

函数用来完成某些特定的运算或实现某种特定的功能,其实质是预先编写好的过程。

内部函数又称系统函数或标准函数,是 VBA 系统为用户提供的标准过程,能完成许多常见运算。根据内部函数的功能,可将其分为数学函数、字符串函数、日期与时间函数、类型转换函数、测试函数、输入与输出函数等。

1. 数学函数

常用的数学函数如表 7-3 所示。

表 7-3 常用的数学函数

函数名	功能说明	举例	结果
Abs(x)	返回 x 的绝对值	Abs(-10)	10
Sin(x)	返回 x 的正弦值,x 为弧度	Sin(0)	0
Cos(x)	返回 x 的余弦值,x 为弧度	Cos(0)	1
Tan(x)	返回 x 的正切值,x 为弧度	Tan(0)	0
Atn(x)	返回 x 的反正切值,x 为弧度	Atn(0)	0
Exp(x)	返回以 e 为底的指数(e^x)	Exp(1)	2.71828182845905
Log(x)	返回 x 的自然对数(lnx)	Log(1)	0
Int(x)	返回不大于 x 的最大整数	Int(3.6)、Int(-3.6)	分别为 3、-4
Rnd([x])	产生一个(0,1)区间的随机数	Rnd(1)	0~1 的随机数,如 0.79048
Sgn(x)	返回 x 的符号(1、0、-1)	Sgn(2)、Sgn(0)、Sgn(-2)	分别为 1、0、-1
Sqr(x)	返回 x 的平方根	Sqr(25)	5

2. 字符串函数

常用的字符串函数如表 7-4 所示。

表 7-4 常用的字符串函数

函数名	功能说明	举例	结果
Instr(s1,s2)	在字符串 S1 中查找 S2 的位置	Instr("ABCD","CD")	3
Lcase(S)	将字符串 S 中的字母转换为小写	Lcase("ABCD")	"abcd"
Ucase(S)	将字符串 S 中的字母转换为大写	Ucase("vba")	"VBA"
Left(S,n)	从字符串 S 左侧取 n 个字符	Left("数据库应用",3)	"数据库"
Right(S,n)	从字符串 S 右侧取 n 个字符	Right("数据库应用",2)	"应用"
Len(S)	计算字符串 S 的长度	Len("VBA 语言")	5
LTrim(S)	删除字符串 S 最左边的空格	LTrim(" AB CD ")	"AB CD "
Trim(S)	删除字符串 S 两端的空格	Trim(" AB CD ")	"AB CD"

(续表)

函数名	功能说明	举例	结果
RTrim(S)	删除字符串 S 最右边的空格	RTrim(" AB CD ")	" AB CD"
Mid(S,m,n)	从字符串 S 的第 m 个字符起，连续取 n 个字符	Mid("ABCDEFG",3,4)	"CDEF"
Space(n)	生成由 n 个空格构成的字符串	Space(3)	" "

3. 日期与时间函数

常用的日期与时间函数如表 7-5 所示。

表 7-5 常用的日期与时间函数

函数名	功能	说明	结果
Date()	返回系统的当前日期	Date()	当前日期
Now()	返回系统的当前日期和时间	Now()	当前日期和时间
Time()	返回系统的当前时间	Time()	当前时间
Year(D)	返回 D 中的年份	Year(DATE)	2015
Month(D)	返回 D 中的月份	Month(DATE)	1
Day(D)	返回 D 中的日	Day(DATE)	17
Hour(D)	返回 D 中的小时	Hour(Time)	10
Minute(D)	返回 D 中的分钟	Minute(Time)	25
Second(D)	返回 D 中的秒	Second(Time)	36
Weekday(D)	返回 D 是一个星期中的第几天，默认星期日为 1	Weekday(DATE)	7
DateSerial(年,月,日)	返回一个年月日组成的日期形式	DateSerial(15,1,17)	2015-1-17

说明：假设当前日期和时间是 2015-1-17 10:25:36。

对于日期函数，还有 3 个重要函数：DateAdd、DateDiff 和 DatePart 函数。

(1) DateAdd 函数。

格式：DateAdd(要增减的日期形式，增减量，要增减的日期)。

说明：要增减的日期形式有 YYYY，按年份增减；M，按月份增减；D，按日增减；WW，按周增减；Q，按季度增减。如果增减量是正整数，为增，如果增减量是负整数，则为减。

例如：

DateAdd("ww",1,#2007-10-12#)

结果是 2007-10-19。

(2) DateDiff 函数。

格式：DateDiff(间隔的日期形式，日期 1，日期 2)。

功能：得到两个日期按日期形式相差的日期。

说明：间隔的日期形式参照 DateAdd 的要增减的日期形式。

例如：

DateDiff("dd",#2007-10-12#,#2007-10-19#)

结果是 7。

(3) DatePart 函数。

格式 DatePart(指定返回日期的哪一部分,给定日期)。

功能：返回给定日期的特定部分。

说明：给定日期的特定部分形式参照 DateAdd 的要增减的日期形式。

例如：

DatePart("q",#2019-2-20#)

结果是 1。

4. 类型转换函数

常用的类型转换函数如表 7-6 所示。

表 7-6 常用的类型转换函数

函数名	功能说明	举例	结果
Asc(S)	返回字符串 S 中首字符的 ASCII 码值	Asc("ABC")	65
Chr(N)	返回数值 N 对应的 ASCII 码字符	Chr(67)	"C"
Val(S)	将字符串 S 转换为数值	Val("10.1")	10.1
Str(N)	将数值 N 转换成字符串	Str(100)	"100"
Cstr(N)	将数值 N 转换成字符串，不包含前导空格	Cstr(100)	"100"

5. 测试函数

常用的测试函数如表 7-7 所示。

表 7-7 常用的测试函数

函数名	功能说明	举例	结果
IsArray(A)	测试 A 是否为数组	Dim A(10) IsArray(A)	True
IsDate(A)	测试 A 是否为日期型数据	IsDate(Date)	True
IsNumeric(A)	测试 A 是否为数值型数据	Dim dh As Date IsNumeric(dh)	False
IsNull(A)	测试 A 是否为空值	IsNull(Null) IsNull("ABC")	True False
IsEmpty(A)	测试 A 是否已经被初始化	Dim nsum IsEmpty(nsum)	True

6. 输入输出函数

为了能与用户进行交互，VBA 还提供了一些输入输出函数，利用这些函数，可以实现接收用户键盘输入的数据，将 VBA 程序的运行结果显示出来。

(1) InputBox()函数：使用 InputBox()函数可以弹出一个对话框，在对话框中显示提示信息，等待用户输入数据并确定，返回包含文本框内容的字符串数据信息。其使用格式如下：

InputBox(prompt[,title][,default][,xpos][,ypos][,helpfile, context])

说明：
- prompt：必需的。作为对话框消息出现的字符串表达式。
- title：可选的。显示对话框标题栏中的字符串表达式。如果省略 title，则把应用程序名 "Microsoft Office Access" 放入标题栏中。
- default：可选的。显示文本框中的字符串表达式，在没有其他输入时作为默认值。如果省略 default，则文本框为空。
- xpos：可选的。数值表达式，成对出现，用于指定对话框的左边与屏幕左边的水平距离。如果省略 xpos，则对话框会在水平方向居中。
- ypos：可选的。数值表达式，成对出现，用于指定对话框的上边与屏幕上边的距离。如果省略 ypos，则对话框被放置在屏幕垂直方向距下边大约三分之一的位置。

图 7-7 显示的对话框的调用语句是 "Name=InputBox("请输入姓名:", "对话框")"。

图 7-7　InputBox()函数运行结果

(2) MsgBox()函数：MsgBox()函数用于在对话框中显示消息，等待用户单击按钮，并返回一个整型值告诉用户单击了哪一个按钮。其使用格式如下：

MsgBox(prompt[,buttons][,title][,helpfile][,context])

说明：

prompt：必需的。字符串表达式，作为显示在对话框中的消息。

buttons：可选的。数值表达式是值的总和，指定显示按钮的数目及形式、使用的图标样式、默认按钮是什么及消息框的强制回应等。如果省略，则 buttons 的默认值为 0，具体取值可查阅相关资料。

图 7-8 显示的消息框的调用语句是：

MsgBox "测试数据结束", Vbinformation, "消息"

图 7-8　MsgBox()函数运行结果

7.4.6 表达式

表达式是一个或多个标识符(变量、字段名称、控件名称、属性名称)、运算符、函数、常量组合在一起的式子。表达式可以执行计算、检索控件值、提供查询条件、定义规则、创建计算控件和计算字段,以及定义报表的分组级别。

根据运算规则的不同,运算符分为算术运算符、连接运算符、关系运算符和逻辑运算符。

1. 算术运算符

算术运算符用于算术运算,主要有乘方(^)、乘法(*)、除法(/)、整数除法(\)、求模(Mod)、加法(+)、减法(-)等运算符。

其中整数除法(\)运算符用来对两个数做除法并返回一个整数,如果操作数有小数部分,系统会舍去小数部分后再运算,如果结果有小数也要舍去。求模(Mod)运算符用来对两个数做除法并返回余数,如果操作数是小数,系统会四舍五入变成整数后再运算;如果被除数是负数,余数也是负数,反之,如果被除数是正数,余数也是正数。

例如:

```
Dim Num As Integer        '变量定义
Num=10 Mod 9              '返回 1
Num=10 Mod 2              '返回 0
Num=12 Mod -5.1           '返回 2
Num=-12.7 Mod -5          '返回-3
Num=(-2)^3                '返回-8
Num=10.20\9.9             '返回 1
Num=10\3                  '返回 3
```

2. 连接运算符

连接运算符用于将两个字符串连接生成一个新字符串。用来进行连接的运算符有 "+" 和 "&" 两种,如表 7-8 所示。

表 7-8 连接运算符及示例

连接运算符	功能	示例	示例结果
+	将两个字符串连接成一个字符串	"ab"+"cd"	"abcd"
&	将两个任意类型的数据连接成一个字符串	"ab"&123	"ab123"

3. 关系运算符

关系运算也称比较运算。关系运算符用于对两个表达式的值进行比较,运算结果为逻辑值。如果关系成立,结果为 True(真);如果关系不成立,结果为 False(假)。

例如:

```
Dim str1 As Boolean       '变量定义
str1=(10>9)               '返回 True
str1=(1>=2)               '返回 False
str1=("10">"9")           '返回 False
str1=("ab"<"aaa")         '返回 False
```

```
str1=(False<True)                     '返回 False
str1=(#2003/12/25#<=#2004/2/28#)      '返回 True
```

4. 逻辑运算符

逻辑运算符用于对一个或两个逻辑量进行运算,并返回一个逻辑值(True 或 False)。常用的逻辑运算符有 3 个,按优先级的高低顺序依次为 Not(非)、And(与)、Or(或),如表 7-9 所示。

表 7-9 逻辑运算符及示例

逻辑运算符	运算名称	示例	示例结果	说明
Not	非	Not(2>1)	False	由真变假或由假变真,进行取反操作
And	与	(1>2)And(3<4)	False	两个表达式的值均为真,结果才为真,否则为假
Or	或	(1>2)Or(3<4)	True	两个表达式中只要有一个值为真,结果就为真;只有两个表达式的值均为假,结果才为假

5. 运算符的优先级

对于包含多种运算符的表达式,在计算时将按预先确定的顺序进行计算,称为运算符的优先级。

各种运算符的优先级顺序为从算术运算符、连接运算符、关系运算符、逻辑运算符逐级降低。如果在运算表达式中出现了括号,则先执行括号内的运算,在括号内部仍按运算符的优先级顺序进行计算。

VBA 中常用运算符的优先级见表 7-10。

表 7-10 常用运算符的优先级

运算符类型	运算符	优先级
算术运算符	乘方运算(^)	高
	负数(-)	
	乘法(*)、除法(/)	
	整数除法(\)	
	求模(mod)	
	加法(+)、减法(-)	
连接运算符	字符串连接(+、&)	
关系运算符	等于(=)、不等于(<>)、小于(<)、大于(>)	
	小于或等于(<=)、大于或等于(>=)、Like、Is	
逻辑运算符	非运算(NOT)	
	与运算(AND)	
	或运算(OR)	低

例：求算术表达式 5＋2＊4＾2 Mod 21＼8／2 的值。

按运算符的优先级分成若干运算步骤，按乘方"＾"、乘"＊"、除"／"、整除"＼"、求模"Mod"、然后加"＋"的次序进行运算，运算结果是 7。具体运算步骤如下：

"5＋2＊4＾2 Mod 21＼8／2" → "5＋2＊16 Mod 21＼8／2" → "5＋32 Mod 21＼4" → "5＋32 Mod 5" → "5＋2" → 7

7.4.7 VBA 程序流程控制

VBA 程序语句按照其功能的不同，可以分为两大类型：一是声明语句，用于给变量、常量或过程定义命名；二是流程控制语句，用于执行赋值操作、调用过程、实现各种流程控制。流程控制语句又分为顺序结构、分支结构和循环结构，也称为结构化程序设计语言的三种基本结构。

1. 顺序结构

简单的程序大多为顺序结构，整个程序按书写顺序依次执行。

1) 注释语句

注释语句以 Rem 开头，但一般用撇号"'"引导注释内容，用撇号引导的注释可以直接出现在语句后面。

2) 声明语句

声明语句用于命名和定义常量、变量、数组和过程。

3) 赋值语句

赋值语句是任何程序设计中最基本的语句。赋值语句为变量指定一个值或表达式。赋值语句的形式如下：

变量名=值或表达式。

表达式：可以是任何类型的表达式，一般其类型应与变量名的类型一致。

赋值语句的作用：先计算右边表达式的值，然后将值赋给左边的变量。

例如：

```
Dim Age As Integer           '声明了一个整型变量 Age
Dim   count=21               '声明了一个 variant 变量 count，并赋值为 21
Dim a%, sum!, name$
Rem 声明了一个整型变量 a，一个单精度型变量 sum 和一个不定长字符串 name
a=123
sum=65.32
sum=sum+a
name="LI Ming"
command1.caption="退出"       '按钮 command1 的标题名设置为退出
```

下面再看一个例子，通过对话框输入圆的半径，计算并输出显示圆的面积。

程序代码如下。

```
Public Sub 例 7_1()
    Const PI As Single = 3.14              '声明常量 PI
    Dim r As Single, s As Single           '声明变量 r、s
    r = Val(InputBox("请输入圆的半径值：", "输入半径", 0))
```

```
    '利用输入框输入圆的半径，转换为数值后赋值给变量 r
    s = PI * r * r                                  '计算圆面积，结果存放于变量 s 中
    MsgBox  "半径为" & r & "的圆面积为： " & s        '利用信息框显示结果
End Sub
```

2. 分支结构

分支结构也称为选择结构，是在程序运行时根据给定的条件是否成立来决定程序的执行流程，用来解决有选择、有转移的诸多问题。根据分支数的不同，分支结构又分为简单分支结构和多分支结构。

1) 简单分支结构

简单分支结构是指对一个条件表达式进行判断，根据所得的结果(True 或 False)进行不同的操作。简单分支结构用 If 语句实现，语句格式如下。

```
If 条件表达式 Then
    语句块 1
    [Else
    语句块 2]
End If
```

简单分支结构流程图如图7-9所示，其中图7-9(a)无else子句流程，图7-9(b)有else子句流程。

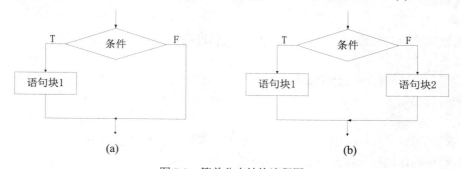

图 7-9　简单分支结构流程图

如果"语句块 1"和"语句块 2"均只有一条语句，则可以采用如下的单行语句格式。

```
If  条件表达式  Then  语句块 1  [Else  语句块 2]
```

例如，使用 If 语句求 x 和 y 两个数中的较大数，可写成如下形式。

```
If x > y Then Max_Num = x Else Max_Num = y
```

例：通过输入对话框输入一个年份，判断该年是否为闰年。判断某年是否为闰年的规则是：如果该年份能被 400 整除，则是闰年；如果该年份能被 4 整除，但不能被 100 整除，则也是闰年。程序代码如下。

```
Public Sub 例 7_2()
    Dim y As Integer
    y = Val(InputBox("请输入年份： "))
    If y Mod 400 = 0 Or (y Mod 4 = 0 And y Mod 100 <> 0) Then
        MsgBox Str(y) & "年是闰年"
    Else
```

```
        MsgBox Str(y) & "年不是闰年"
    End If
End Sub
```

2) 多分支结构

超过两个分支的情况可以用多分支结构实现。

(1) If…Then…Else If 语句。

```
If 条件表达式 1 Then
语句块 1
    Else If 条件表达式 2 Then
        语句块 2
    …
    Else If 条件表达式 n Then
        语句块 n
      [Else
语句块 n+1]
End If
```

多分支结构流程图如图 7-10 所示。

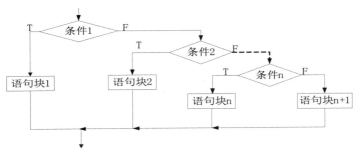

图 7-10　多分支结构流程图

例：用户通过输入对话框输入一个百分制的成绩分数，程序根据成绩分数来判断并输出其对应的等级。转换规则为：90≤成绩分数≤100 为优；80≤成绩分数＜90 为良；60≤成绩分数＜80 为中；成绩分数＜60 为差；其他为非法输入。

```
Public Sub 例 7_3()
    Dim grade As Integer
    grade = Val(InputBox("请输入成绩分数"))
    If grade <= 100 And grade >= 90 Then
        Debug.Print Str(grade) & "的等级为：优"
    ElseIf grade < 90 And grade >= 80 Then
        Debug.Print Str(grade) & "的等级为：良"
    ElseIf grade < 80 And grade >= 60 Then
        Debug.Print Str(grade) & "的等级为：中"
    ElseIf grade < 60 And grade > 0 Then
        Debug.Print Str(grade) & "的等级为：差"
    Else
        Debug.Print "你输入的成绩不对！"
    End If
End Sub
```

(2) Select Case 语句。

```
Select Case  测试表达式
    Case  表达式列表 1
        语句块 1
    [Case 表达式列表 2
        语句块 2]
            …
        [Case 表达式列表 n
    语句块 n]
        [Case Else
    语句块 n+1]
End Select
```

流程图参见图 7-10 所示。

说明：

Select Case 语句又称为多重分支(开关)语句，它根据 Select Case 后的测试表达式计算得到的结果以获取到一个测试条件，这个测试表达式并且只计算一次。然后，VBA 将测试条件的值与结构中的每个 Case 的值进行比较，如果相等，就执行与该 Case 相关联的语句块。如果不止一个 Case 的值与测试条件的值相匹配，则执行第一个相匹配的 Case 下的语句序列；若没有一个 Case 的值与测试条件的值相匹配，则执行 Case Else 子句中的语句。

测试条件的值可以是数值型或字符型，通常测试条件为一个数值型或字符型的变量。Case 子句中的表达式列表用来测试列表中是否有值与测试表达式相匹配。列表中的表达式形式必须如表 7-11 所示。

表 7-11 列表中的表达式形式

形式	示例	说明
表达式	Case 2*a ,12,14	数值或者字符，测试条件的值可以是 2*a、12、14 三者之一
表达式 1 to 表达式 2	Case 1 to 10	1≤测试条件值≤10
Is 关系运算表达式	Is<100	测试条件值<100

例：下面的例 7_4()使用 Select Case 语句实现例 7-3()。

```
Public Sub 例 7_4()
    Dim grade As Integer
    grade = Val(InputBox("请输入成绩分数"))
    Select Case grade
        Case 90 To 100
            MsgBox (Str(grade) & "的成绩为：优")
        Case 80 To 90
            MsgBox (Str(grade) & "的成绩为：良")
        Case 60 To 80
            MsgBox (Str(grade) & "的成绩为：中")
        Case 0 To 60
            MsgBox (Str(grade) & "的成绩为：差")
        Case Else
```

```
                MsgBox ("你输入的成绩不对!")
         End Select
End Sub
```

3) 通过条件函数实现简单分支结构和多分支结构

除上述条件语句结构外，VBA 还提供了以下 3 个条件函数。

(1) IIf 函数：IIf(条件表达式,表达式 1,表达式 2)。

该函数根据"条件表达式"的值来决定函数返回值。"条件表达式"的值为"真(True)"，函数返回"表达式 1"的值；"条件表达式"的值为"假(False)"，函数返回"表达式 2"的值。

例如，将变量 a 和 b 的值大的放在变量 Max 中。程序代码如下。

Max = IIf(a>b,a,b)

(2) Switch 函数：Switch(条件表达式1,表达式1[,条件表达式2,表达式2[,条件式n,表达式n]])。

该函数根据"条件表达式 1"，"条件表达式 2"直至"条件表达式 n"的值来决定函数返回值。条件式是由左至右进行计算判断的，而表达式则会在第一个相关的条件式为 True 时作为函数返回值返回。如果其中有部分不成对，则会产生一个运行错误。

例如，根据变量 x 的值为变量 y 赋值。程序代码如下。

y=Switch(x>0,1,x=0,0,x<0,-1)

(3) Choose 函数：Choose(索引表达式,选项 1[,选项 2,…[,选项 n]])。

该函数根据"索引表达式"的值来返回选项列表中的某个值。"索引表达式"的值为 1，函数返回"选项 1"的值；"索引表达式"的值为 2，函数返回"选项 2"的值；以此类推。这里，只有在"索引表达式"的值介于 1 和可选择的项目之间，函数才返回其后的选项值；当"索引表达式"的值小于 1 或大于列出的选择项数目时，函数返回无效值(Null)。

例如，根据变量 x 的值为变量 y 赋值。程序代码如下。

y=Choose(x,5,m+1,n)

3. 循环结构

循环结构是指在循环条件满足的情况下有规律地重复执行某一程序代码段的结构，被反复执行的程序代码段称为循环体。VBA 提供了以下几种循环语句。

1) Do While…Loop 语句

语句格式如下。

```
Do While  条件表达式
        循环体
Loop
```

流程图如图 7-11 所示。

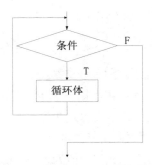

图 7-11　Do While…Loop 语句流程图

例：求 1+2+3+4+…+100 的和。

问题求解：声明所需变量→变量初始化→设计循环条件→设计循环体。

```
Dim s As Integer
Dim i As Integer
s=0
i=1
Do While i<= 100
s=s+i
Loop
Debug .Print s              '窗口中输出 s 的值
```

思考并练习：求 1+3+5+…+99 的和，写出代码主体。

思考并练习：求 5!，写出代码主体。

2) Do Until…Loop 语句

语句格式如下。

```
Do Until  条件表达式
      循环体
Loop
```

流程图如图 7-12 所示。

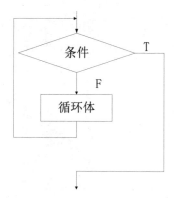

图 7-12　Do Until…Loop 语句流程图

注意：

请注意 Do Until…Loop 语句和 Do While…Loop 语句的区别。

3) Do…Loop While 语句

语句格式如下。

Do
    循环体
Loop While 条件表达式

流程图如图 7-13 所示。

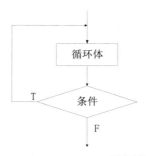

图 7-13　Do…Loop While 语句流程图

注意：

请注意 Do…Loop While 语句和 Do While…Loop 语句的区别。

区别：从结构上看不一样，Do While…Loop 语句是先判断，再执行循环体，Do…Loop While 语句刚好相反；Do While…Loop 可以一次都不执行循环体，Do…Loop While 至少执行一次循环体。

4) Do…Loop Until 语句

语句格式如下。

Do
    循环体
Loop Until 条件表达式

流程图如图 7-14 所示。

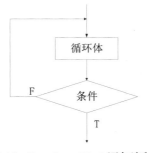

图 7-14　Do…Loop Until 语句流程图

5) For…Next 循环语句

For…Next 循环语句一般用于循环次数已知的情况，通过设置循环变量的初值、终值和步长值，可以控制循环的执行次数。语句格式如下。

```
For 循环变量 = 初值 To 终值 [Step 步长]
    循环体
Next [循环变量]
```

说明：

执行该语句时，首先将<初值>赋给<循环变量>，然后，判断<循环变量>是否"超过"<终值>，若结果为 True，结束循环，执行 Next 语句后的下一条语句；否则，执行<循环体>内的语句后，让当前的<循环变量>增加一个步长值，再重新判断当前的<循环变量>值是否"超过"<终值>。若结果为 True，结束循环；否则，重复上述过程，直到结果为 True，默认步长为 1。

这里所说的<循环变量>"超过"<终值>，是指当步长为正值时，大于<终值>；当步长为负值时，小于<终值>。当步长为正数时，流程图如图 7-15 所示。

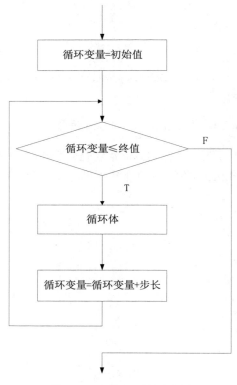

图 7-15　步长>0 时的流程图

例：用 For…Next 循环语句求 1+2+3+4+…+100 的和。

```
Dim s As Integer
Dim i As Integer
s=0
For i=1 To 100
s=s+i
Next i
Debug .Print s
```

参见 Do While…Loop 语句，可以看出功能一样，但 For…Next 循环语句比 Do While…Loop

语句更加简洁。

For…Next 循环语句是全国计算机等级考试的一个重点。

接下来我们再看以下 3 个示例。

例：用 For…Next 循环语句求 5!。

```
Dim s As Integer
Dim i As Integer
s=1
For i=1 To 5
s=s*i
Next i
Debug .Print s
```

例：求 100 以内的所有奇数之和。

```
Dim i As Integer, s As Integer
For i = 1 To 100 Step 2        '步长为 2
s = s + i
Next i
MsgBox  "100 以内的奇数和为: " & s
```

例：窗体中有一个名为"run"的命令按钮，对应的事件代码如下：

```
Private Sub run_Click()
Sum = 0
For i=10 To 1 Step -2
sum = sum + i
Next i
MsgBox sum
End Sub
```

运行以上事件，程序的输出结果是(　　)。

A. 10　　　　　　B. 30　　　　　　C. 55　　　　　　D. 80

7.4.8　VBA 过程与参数传递

1. Sub 子过程

Sub 子过程是一系列由 Sub 和 End Sub 语句包含起来的 VBA 语句。使用 Sub 子过程可以执行动作、计算数值及更新、修改对象属性的设置，但不能返回一个值。

2. Sub 子过程的定义

Sub 子过程的定义格式如下。

```
[Public|Private][Static] Sub 过程名([形式参数列表])
   [局部常量或变量的定义]
   [语句块]
   [Exit Sub]
   [语句块]
End Sub
```

说明：

使用保留字 Public(公有的)能让所有模块中的所有其他过程调用该过程，默认时为 Public。使用保留字 Private(私有的)只允许本模块中的其他过程调用该过程。若要使某一过程或函数中所有的局部变量都成为 Static 变量，则把 Static(静态的)放在该过程或函数头的前面。

3. Sub 子过程的创建

在 VBE 的工程资源管理器窗口中，双击需要创建过程的某个模块，打开该模块，然后选择"插入"|"过程"菜单命令，打开"添加过程"对话框，在"名称"文本框中输入过程名 swap，从"类型"选项组中选择"子程序"(Sub)单选按钮，从"范围"选项组中选择"公共的"(Public)单选按钮，如图 7-16 所示。

图 7-16　"添加过程"对话框

单击"确定"按钮后，VBE 自动在模块代码窗口中添加如下代码。

Public Sub swap()

End Sub

此时光标在两条语句的中间闪烁，等待用户输入过程代码，如图 7-17 所示。

图 7-17　等待用户输入过程代码

创建一个 swap 的子过程，添加如下程序代码，功能是用于交换两个变量的值。

Public Sub swap(x As Integer, y As Integer)
　　Dim t As Integer
　　t = x: x = y: y = t
End Sub

4. Sub 子过程的调用

对于 Public 过程，一旦创建就可以在模块的其他地方调用该过程。子过程的调用有两种方式，一种是利用 Call 语句来调用，另一种是把过程名作为一个语句来直接调用。

格式 1：

Call 过程名([实际参数列表])

格式 2：

过程名 [实际参数列表]

例：创建一个 Sub 子过程，用输入对话框输入两个整数，分别存放于变量 m 和 n 中，再调用上面定义的子过程 swap，将变量 m 和 n 中的值互换，并在立即窗口中显示互换前后的值。

```
Public Sub 例 7_5()
    Dim m As Integer, n As Integer
    m = Val(InputBox("请输入 m："))
    n = Val(InputBox("请输入 n："))
    Debug.Print m, n
    Call  swap(m, n)                '或用 swap m, n
    Debug.Print m, n
End Sub
```

结果如图 7-18 所示。

图 7-18　例 7_5()结果

5. Function 函数过程

Function 函数过程是一系列由 Function 和 End Function 语句包含起来的 VBA 语句。函数过程和子过程类似，也有过程名(一般称为函数名)和形参列表，不同的是函数过程可以返回一个值。

6. Function 函数过程的定义

Function 函数过程的定义格式如下。

```
[Public|Private][Static] Function  函数名([形式参数列表])[As  类型]
[局部常量或变量的定义]
[语句块]
[Exit Function]
[语句块]
         函数名 = 表达式
End Function
```

7. Function 函数过程的调用

Function 函数的调用方式和内部函数相同，具体格式如下。

函数名 [实际参数列表]

例：在标准模块中创建一个求阶乘的函数过程，再创建一个子过程，在子过程中调用该阶乘函数计算3！+5！+7！的值。

```
Public Function jc(n As Integer) As Long      '函数的返回值为 Long 型
    Dim i As Integer, s As Long
    s = 1
    For i = 1 To n
        s = s * i
    Next i
    jc = s                                    '将阶乘值作为函数的返回值
End Function
Public Sub 例 7_6()
    Dim k As Long
    k = jc(3) + jc(5) + jc(7)                 '调用函数求 3!、5!、7!，将和赋给变量 k
    Debug.Print "3!+5!+7!="; k                '在立即窗口输出结果
End Sub
```

8. 参数传递

在调用带有参数的过程(包括 Sub 子过程和 Function 函数过程)时，需要将主调过程中的实参传递给被调过程中的形参，这样才能开始执行被调过程。参数传递的方式有两种，即按地址传递和按值传递，系统默认的方式是按地址传递。

定义过程时可以设置一个或多个形参(即形式参数)，多个形参之间用逗号分隔。每个形参的常见定义格式如下：

[ByVal|ByRef] [形参名称] [As 数据类型]=默认值

各选项含义如下：
- ByVal：按值传递，表示该参数按值传递。
- ByRef：按地址传递，表示该参数按地址传递。默认为 ByRef。
- 默认值：任何常数或常数表达式。

1) 按地址传递参数

在定义过程时，如果形参前没有关键字 ByVal，或者形式参数被声明为 ByRef，都表明是按地址传递参数。

按地址传递参数是在调用过程时，把实参变量的内存地址传递给被调过程中的形参，实参和形参具有相同的地址，因此被调用过程内部对形参的任何操作引起的形参值的变化都会影响实参的值。

例如以下代码是按地址传递的实例：

```
Public Sub First()                            '主调过程
    Dim x As Integer, y As Integer
    x = 3: y = 7
    Debug.Print "调用之前：", "x="; x, "y="; y
    Call Second(x, y)
    Debug.Print "调用之后：", "x="; x, "y="; y
End Sub
Public Sub Second(ByRef m As Integer, ByRef n As Integer)    '被调过程
```

```
        m = m + 2
        n = m + n
        Debug.Print "形参的值：", "m="; m, "n="; n
End Sub
```

结果如图 7-19 所示。

图 7-19　按地址传递参数的结果

2）按值传递参数

若形参前加关键字"ByVal"，则表示参数传递的方式为按值传递。在按值传递时，实参和形参占用不同的内存单元，相当于把实参的值复制后传给被调过程的形参，实参和形参不再相关。如果在被调过程中修改了形参的值，不会影响主调过程中的实参。

将上一个实例的 Second 过程的参数传递方式改为按值传递，分析程序的输出结果。

过程 Second 的程序代码如下。

```
Public Sub Second(ByVal m As Integer, ByVal n As Integer)    '被调过程
        m = m + 2
        n = m + n
        Debug.Print "形参的值：", "m="; m, "n="; n
End Sub
```

结果如图 7-20 所示。

图 7-20　按值传递参数的结果

7.4.9　变量和过程的作用域

在 VBA 编程中，由于变量声明的位置和方式不同，变量可被访问的范围也有所不同。变量可被访问的范围称为变量的作用域。

与变量相似，过程也有作用域。过程的作用域决定了其他过程访问该过程的能力，即其他过程能否调用该过程。

1. 变量的作用域

根据作用域不同，可将变量分为 3 类，分别为过程级变量、模块级变量和全局变量。

变量的作用域和变量声明语句的位置与声明变量时的关键字有关。

1）过程级变量

过程级变量也称为局部变量，是指在某一过程内部用 Dim 或 Static 关键字声明的变量，或者不进行声明直接使用的变量，其作用域是局部的，只能在声明它的过程内部使用。

同一模块的不同过程中可以声明同名的变量，它们彼此互不相关。

使用 Dim 声明的变量称为动态变量。动态变量只在过程的一次执行期间存在，过程每一次执行完毕，动态变量都要从内存中消失。在下一次执行该过程时，都要重新对动态变量进行初始化。

使用 Static 声明的变量称为静态变量。静态变量在过程执行完之后可以保留其中的值，即每次执行过程时，静态变量可以继续使用上一次执行后的值。

例 7_7()和例 7_8()是静态变量与动态变量示例。

程序代码如下。

```
Public Sub 例 7_7()
    Static k As Integer    '声明为静态变量
    k = k + 1
    Debug.Print "本过程已经执行了"; k; "次！"
End Sub
```

连续运行该过程 5 次，立即窗口中的输出结果如图 7-21 所示。

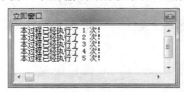

图 7-21　例 7_7()输出结果

用户可发现 k 的值每调用一次子过程都递增 1。

如果把过程中的 Static 改为 Dim，即将 k 声明为动态变量，程序代码如下。

```
Public Sub 例 7_8()
    Dim k As Integer    '声明为动态变量
    k = k + 1
    Debug.Print "本过程已经执行了"; k; "次！"
End Sub
```

连续运行该过程 5 次，立即窗口中的输出结果如图 7-22 所示。

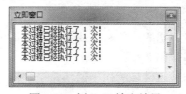

图 7-22　例 7_8()输出结果

用户可发现 k 的值每调用一次子过程没有发生变化。

2) 模块级变量

模块级变量是指在模块的通用声明段中用 Dim 或 Private 关键字声明的变量。

模块级变量可以在声明它的模块内部的所有过程中使用，但不能被其他模块访问。

例：创建一个标准模块，在其中输入以下代码。

```
Dim k As Integer    '声明模块级变量 k
Public Sub 例 7_9()
    k = 2
```

```
        MsgBox k
End Sub
Public Sub 例7_9_2()
    k = k + 3
    MsgBox k
End Sub
```

程序输出结果显示 k 值第一次为 2，第二次为 5。

3) 全局变量

全局变量是指在模块的通用声明段中使用 Public 关键字声明的变量。

全局变量在声明变量的数据库应用系统的所有模块中都可以使用。

2. 过程的作用域

过程的作用域有两种，即全局级过程和模块级过程，它们通过定义过程时在 Sub 或 Function 之前加关键字 Public 或 Private 来区分。其中，默认值是 Public，表示全局级过程，或称公用过程，能够被当前数据库应用系统中的所有模块访问；Private 表示模块级过程，或称私有过程，只能在定义过程的模块内部访问。

3. 变量的生存周期

在给变量声明作用范围后，变量就有了一个生存周期，即变量保留数值的时间。具体地说，就是变量第一次(声明时)出现到消失时的持续时间，代表变量在内存中从创建到消亡的整个时间段。

Dim 语句声明的过程级别变量将把数值保留到退出此过程为止。如果该过程调用了其他过程，则在这些过程运行的同时，属于调用者过程的变量仍保留它的值。

如果用户希望在退出局部变量所在的过程后，仍保存该局部变量的值，可以用 Static 进行声明。如果过程级别的变量是用关键字 Static 声明的，则只要有代码正在运行，此变量就会保留它的值；而当所有代码都完成运行后，变量将不再起作用。因此，它的生存周期和全局变量是一样的。例子请参见例 7_7()和例 7_8()。

7.5 小结

本章是本课程的重点章节，主要包括模块和 VBA 程序设计基础知识。首先介绍了模块的基本概念。接着介绍了模块的创建方法和运行过程。然后介绍了 VBA 程序设计基础知识，包括 VBA 和 VB 之间的关系，VBA 程序设计的特点，以及面向对象程序设计的基本概念，宏与模块之间的关系。最后详细讲解了 VBA 的编程基础，包括 VBA 支持的数据类型、常量和变量、数组、系统函数、表达式、基本流程控制语句、函数和过程、过程的定义和调用、参数传递、变量和过程的作用域。其中表达式、基本流程控制语句、函数和过程、过程的定义和调用、参数传递、变量和过程的作用域是本章重点，过程的定义和调用、参数传递、变量和过程的作用域是本章的难点。在学习本章时，应注意一些基本概念的理解和程序流程控制原理的理解，还应多进行实践操作。

7.6 练习题

一、选择题

1. 下列给出的选项中，非法的变量名是(   )。
   A. Sum   B. Integer_2   C. Rem   D. Form1
2. 下列选项中，与 VBA 语句 Dim New%, sum！等价的是(   )。
   A. Dim New As Integer, sum As Single
   B. Dim New As Integer, sum As Double
   C. Dim New As Double, sum As Single
   D. Dim New As Double, sum As Integer
3. 表达式 4+5 \ 6 * 7 / 8 Mod 9 的值是(   )。
   A. 4   B. 5   C. 6   D. 7
4. 用 If 语句统计职称(duty)为"教授"或"副教授"的教工人数，错误的语句是(   )。
   A. If duty="教授" And duty="副教授" Then n=n+1
   B. If InStr(duty, "教授")=1 Or InStr(duty, "教授")=2 Then n=n+1
   C. If InStr(duty="教授" Or duty="副教授")>0 Then n=n+1
   D. If Right(duty,2)= "教授" Then n=n+1
5. 体检表中有日期/时间型数据"体检时间"，若规定在体检 3 个月后复检，建立生成表查询，生成"复检时间"列并自动给出复检日期，正确的表达式是(   )。

   A. 复检时间: DateAdd("m",3,[体检时间])
   B. 复检时间: Datediff("m",3,[体检时间])
   C. 复检时间: DatePart("m",3,[体检时间])
   D. 复检时间: DateSerial("m",3,[体检时间])
6. 下列 Case 语句中，错误的是(   )。
   A. Case Is>10 And Is<50   B. Case 0 To 10
   C. Case Is>10   D. Case 3,5,Is>10
7. 下列 4 个选项中，不是 VBA 的条件函数的是(   )。
   A. Choose   B. If   C. IIf   D. Switch

8. 下列 4 种形式的循环设计中，循环次数最少的是(　　)。

A. a = 5 : b = 8
　　Do Until a < b
　　　b = b + 1
　　Loop

B. a = 5 : b = 8
　　Do
　　　a = a + 1
　　Loop While a < b

C. a = 5 : b = 8
　　Do
　　　a = a + 1
　　Loop Until a < b

D. a = 5 : b = 8
　　Do Until a > b
　　　a = a + 1
　　Loop

9. 运行下列程序，结果是(　　)。

```
Private Sub Command32_Click()
    f0=1: f1=1: k=1
    Do While k<=5
        f=f0+f1
        f0=f1
        f1=f
        k=k+1
    Loop
    MsgBox "f=" & f
End Sub
```

　　A. f=5　　　　　　B. f=7　　　　　　C. f=8　　　　　　D. f=13

10. 若在被调用过程中改变形参变量的值，其结果同时也会影响实参变量的值，这种参数传递方式是(　　)。

　　A. ByVal　　　　　B. 按值传递　　　　C. ByRef　　　　　D. 按形参传递

11. 下列程序的输出结果是(　　)。

```
Dim x As Integer
Private Sub Command4_Click()
Dim y As Integer
x = 1
y = 10
Call fun(y, x)
MsgBox "y = " & y
End Sub
Sub fun(ByRef y As Integer, ByVal z As Integer)
y = y + z
z = y - z
End Sub
```

　　A. y = 1　　　　　B. y = 10　　　　　C. y = 11　　　　　D. y = 9

12. 在 Access 中，如果变量定义在模块的过程内部，当过程代码执行时才可见，则这种变量的作用域为(　　)。

　　A. 局部范围　　　　B. 全局范围　　　　C. 模块范围　　　　D. 程序范围

13. 在窗体上有一个执行命令按钮(名为 Command1)，两个文本框 Text0 和 Text1。命令按钮的 Click 事件程序如下：

```
Private Sub Command0_Click()
x = Val(Me!Text1)
If 【 】 Then
Text0 = Str(x) & " 是奇数."
Else
Text0 = Str(x) & " 是偶数."
End If
End Sub
Function result(ByVal x As Integer) As Boolean
result = False
If x Mod 2 = 0 Then
result = True
End If
End Function
```

程序运行时，在 Text1 中输入 21，单击命令按钮后 Text0 中显示 "21 是奇数"。则程序【 】处应填写的语句是（   ）。

    A. result(x)="奇数" B. result(x)="偶数" C. result(x) D. Not result(x)

14. 有 Click 事件对应的程序如下：

```
Private Sub Command1_Click()
Dim sum As Double, x As Double
sum = 0
n = 1
For i = 1 To 4
x = n / (i+1)
n = n + 1
sum = sum + x
Next i
End Sub
```

该程序通过 For 循环计算一个表达式的值，该表达式是（   ）。

    A. 1/2 + 2/3 + 3/4 + 4/5   B. 1 + 1/2 + 2/3 + 3/4 + 4/5

    C. 1 + 1/2 + 1/3 + 1/4 + 1/5   D. 1/2 + 1/3 + 1/4 + 1/5

15. 以下是一个竞赛评分程序。其功能是去掉 8 位评委中的一个最高分和一个最低分，计算平均分。

```
Dim max As Integer, min As Integer
Dim i As Integer, x As Integer, s As Integer
max = 0: min = 10
For i = 1 To 8
x = Val(InputBox("请输入得分(0～10):"))
【    】
If x < min Then min = x
s = s + x
Next i
【    】
```

MsgBox "最后得分：" & s

有如下语句：
① max = x　　　　　② If x>max Then max = x　　　③ If max>x Then max = x
④ s = (s-max-min)/6　⑤ s = (max-min)/6　　　　　　⑥ s = s/6

程序中有两个【 】，将程序补充完整的正确语句是(　　)。
　　A. ①⑤　　　　　B. ②④　　　　　C. ③⑥　　　　　D. ②⑥

16. 在标准模块"模块1"声明区中定义了变量 x 和变量 y，如下所示，则变量 x 和变量 y 的作用范围分别是(　　)。

```
Dim x As Integer
Public y As Integer
Sub demoVar()
x = 3
y = 5
Debug.Print x & " " & y
End Sub
```

　　A. 模块级变量和过程级变量　　　　　B. 过程级变量和公共变量
　　C. 模块级变量和公共变量　　　　　　D. 过程级变量和模块范围

17. 下列子过程可以实现对"教师表"中的基本工资涨 10%的操作。

```
Sub GongZi()
Dim cn As New ADODB.Connection
Dim rs As New ADODB.Recordset
Dim fd As ADODB.Field
Dim strConnect As String
Dim strSQL As String
Set cn=CurrentProject.Connection
strSQL = "Select 基本工资 from 教师表"
rs.Open strSQL, cn, adOpenDynamic, adLockOptimistic, adCmdText
Set fd = rs.Fields("基本工资")
Do While Not rs.EOF
【 】
rs.Update
rs.MoveNext
Loop
rs.Close
cn.Close
Set rs = Nothing
Set cn = Nothing
End Sub
```

程序空白处【 】应该填写的语句是(　　)。
　　A. fd = fd * 1.1
　　B. rs = rs * 1.1
　　C. 基本工资 = 基本工资 * 1.1
　　D. rs.fd = rs.fd * 1.1

18. 下列程序的功能是将输入的整数分解为若干个质数的乘积。例如，输入 36，则输出 2,2,3,3，输入 105，则输出 3,5,7。

```
Private Sub Command_Click()
x = Val(InputBox("请输入一个整数"))
out$ = ""
y = 2
Do While (y <= x)
If (x Mod y = 0) Then
out$ = out$ & y & ", "
x = 【 】
Else
y = y + 1
End If
Loop
MsgBox out$
End Sub
```

为实现指定功能，程序【 】处应填写的语句是(　　)。

  A. x + 1   B. x mod y   C. x / y   D. x * y

19. 在窗体中有一个名为 Command1 的按钮，该模块内还有一个函数过程：

```
Public Function f(x As Integer)As Integer
Dim y As Integer
x = 20
y = 2
f = x * y
End Function
Private Sub Command1_Click()
Dim y As Integer
Static x As Integer
x = 10
y = 5
y = f(x)
Debug.Print x; y
End Sub
```

打开窗体并运行后，如果单击按钮，则在立即窗口上显示的内容是(　　)。

  A. 10 5   B. 10 40   C. 20 5   D. 20 40

20. 下列代码实现的功能是：在窗体中有一个名为 tNum 的文本框，运行时若在其中输入课程编号，则会自动在"课程表"中找出对应的"课名"并显示在另一个名为 tName 的文本框中。

```
Private Sub 【 】 ()
Me!tName = DLookup ("课名", "课程表", "课程编号=" & Me!tNum& "")
End Sub
```

则程序中【 】处应该填写的是(　　)。

  A. tNum_AfterUpdate   B. tNum_Click

  C. tName_AfterUpdate   D. tName_Click

二、填空题

1. VBA 的全称是_____。
2. 在 VBA 中，要得到[15，75]区间的随机整数，可以使用表达式_____。
3. VBA 的有参过程定义，形参用_____说明，表明该形参为传值调用；形参用 ByRef 说明，表明该形参为_____。
4. VBA 的 3 种流程控制结构分别是_____、_____和_____。
5. 有如下代码，要求循环体执行 3 次后结束循环，在空白处填入适当内容。

```
x=1
Do
    x=x+2
Loop Until _____
```

6. 有如下 VBA 代码，运行结束后，变量 n 的值是_____，变量 i 的值是_____。

```
n=0
For i=1 To 3
    For j=-4 To -1
        n=n+1
    Next j
Next i
```

7. 在窗体中添加一个命令按钮 Command1 和一个文本框 Text1，编写如下事件代码，则运行窗体后，单击命令按钮，文本框中显示的内容是_____。

```
Private Sub Command1_Click()
    Dim x As Integer, y As Integer, z As Integer
    x=5:y=7:z=0
    Me!Text1=""
    Call p1(x,y,z)
    Me!Text1=z
End Sub
Sub p1(a As integer, b As Integer, c As Integer)
    c=a+b
End Sub
```

7.7 实训项目

【实训目的及要求】

1. 掌握 Access 程序基本结构设计的方法。
2. 熟悉 VBA 编程环境，学会调试程序的方法。
3. 掌握模块的操作。
4. 学会创建、调用过程和函数(参数传递)的方法。
5. 了解全国计算机二级考试程序设计真题。
6. 学会解答全国计算机二级考试程序设计题。

数据库程序设计

【实训内容】

实训一

"实训一"文件夹下有一个"samp3.accdb"数据库文件,里面已经设计了"tEmp"表对象、"qEmp"查询对象和"fEmp"窗体对象。同时,给出"fEmp"窗体对象上两个按钮的单击事件代码,请按以下要求补充设计。

(1) 将"fEmp"窗体上名为"tSS"的文本框控件改为组合框控件,控件名称不变,标签标题不变。设置组合框控件的相关属性,以实现从下拉列表中选择输入性别值"男"和"女"。

(2) 选择合适字段,将"qEmp"查询对象改为参数查询,参数为引用"fEmp"窗体对象上"tSS"组合框的输入值。

(3) 将"fEmp"窗体对象上名为"tPa"的文本框控件设置为计算控件。要求依据"党员否"字段值显示相应内容。如果"党员否"字段值为 True,显示"党员"两个字;如果"党员否"字段值为 False,显示"非党员"3 个字。

(4) 在"fEmp"窗体对象上有"刷新"和"退出"两个命令按钮,名称分别为"bt1"和"bt2"。单击"刷新"按钮,窗体记录源改为"qEmp"查询对象;单击"退出"按钮,关闭窗体。现已编写了部分 VBA 代码,请按 VBA 代码中的指示将代码补充完整。

注意:

不要修改数据库中的"tEmp"表对象;不要修改"qEmp"查询对象中未涉及的内容;不要修改"fEmp"窗体对象中未涉及的控件和属性。

程序代码只允许在"*****Add*****"与"*****Add*****"之间的空行内补充一行语句以完成设计,不允许增删和修改其他位置已存在的语句。

实训二

"实训二"文件夹下存在一个"samp3.accdb"数据库文件,里面已经设计好"tStudent"表对象,同时还设计了"fQuery""fStudent"和"fCount"窗体对象。请在此基础上按照以下要求补充"fQuery"和"fCount"窗体的设计。

(1) 加载"fQuery"窗体时窗体标题名改为"显示查询信息",将窗体中的"退出"命令按钮(名为"命令7")上显示的文字颜色自动改为红色(红色值为 255),字体粗细改为"加粗"(加粗值为 700)。请按照 VBA 代码中的指示将实现此功能的代码补充完整。

(2) 在"fQuery"窗体距主体节上边 0.4 厘米、左边 0.4 厘米位置添加一个矩形控件,其名称为"rRim";矩形宽度为 16.6 厘米、高度为 1.2 厘米、特殊效果为"凿痕"。将窗体边框改为"对话框边框"样式,取消窗体中的水平和垂直滚动条、记录选择器、导航按钮和分隔线。

(3) 在"fQuery"窗体中有一个"显示全部记录"命令按钮(名为 bList),单击该按钮后,应实现将"tStudent"表中的全部记录显示出来的功能。现已编写了部分 VBA 代码,请按照 VBA 代码中的指示将代码补充完整。

要求:修改后运行该窗体并查看修改结果。

(4) 在"fCount"窗体中有两个列表框、一个文本框和一个命令按钮,名称分别为"List0""List1""tData"和"Cmd"。在"tData"文本框中输入一个数,单击"Cmd"按钮,程序将判断输入的值是奇数还是偶数,如果是奇数将填入"List0"列表中,否则填入"List1"列表中。

根据以上描述，请按照 VBA 代码中的指示将代码补充完整。

注意：

不允许修改"fQuery""fStudent"和"fCount"窗体对象中未涉及的控件、属性；不允许修改"tStudent"表对象。程序代码只允许在"***** Add *****"与"***** Add *****"之间的空行内补充一行语句以完成设计，不允许增删和修改其他位置已存在的语句。

实训三

"实训三"文件夹下存在一个"samp3.accdb"数据库文件，里面已经设计好"tStud"表对象，同时还设计了"fStud"窗体对象。请在此基础上按照以下要求补充"fStud"窗体的设计。

(1) 在窗体的"窗体页眉"节中距左边 0.4 厘米、距上边 1.2 厘米处添加一个直线控件，控件宽度为 10.5 厘米，控件名为"tLine"；将窗体中"lTalbel"标签控件上的文字改为"隶书"，字号改为 18。

(2) 打开窗体时，窗体标题自动显示为"lTalbel"标签控件的内容，并且自动将该控件上的文字颜色改为"蓝色"，请按照 VBA 代码中的指示将代码补充完整。

(3) 将窗体边框改为"细边框"样式，取消窗体中的水平和垂直滚动条、记录选择器、导航按钮和分隔线；并且只保留窗体的关闭按钮。

(4) 假设"tStud"表中"学号"字段的第 5 位和第 6 位编码代表该学生的专业信息，当这两位编码为"10"时表示"信息"专业，为其他值时表示"管理"专业。设置窗体中名称为"tSub"文本框控件的相应属性，使其根据"学号"字段的第 5 位和第 6 位编码显示对应的专业名称。

(5) 在窗体中有一个"退出"命令按钮，名称为"CmdQuit"，其功能为关闭"fStud"窗体。请按照 VBA 代码中的指示将实现此功能的代码补充完整。

注意：

不允许修改"fStud"窗体对象中未涉及的控件、属性和任何 VBA 代码；不允许修改"tStud"表对象；程序代码只允许在"*****Add*****"与"*****Add*****"之间的空行内补充一行语句以完成设计，不允许增删和修改其他位置已存在的语句。

实训四

"实训四"文件夹下存在一个"samp3.accdb"数据库文件，里面已经设计好"tBand"和"tLine"表对象，同时还设计出以"tBand"和"tLine"为数据源的"rBand"报表对象。试在此基础上按照以下要求补充报表设计。

(1) 在报表的报表页眉节位置添加一个标签控件，其名称为"bTitle"，标题显示为"旅游线路信息表"，字体名称为"宋体"，字体大小为 22，字体粗细为"加粗"，倾斜字体为"是"。

(2) 预览报表时，报表标题显示为"**月#######"，请按照 VBA 代码中的指示将代码补充完整。

注意：

显示标题中的月为本年度当月，"#######"为"bTitle"标签控件的内容；如果月份小于 10，按实际位数显示。

要求：本年度当月的时间必须使用函数获取。

(3) 在"导游姓名"字段标题对应的报表主体区位置添加一个控件,显示出"导游姓名"字段值,并命名为"tName"。

(4) 在报表的适当位置添加一个文本框控件,计算并显示每个导游带团的平均费用,文本框控件名称为 tAvg。

注意:
这里的报表的适当位置是指报表页脚、页面页脚或组页脚。

注意:
不允许改动数据库文件中的"tBand"和"tLine"表对象,同时也不允许修改"rBand"报表对象中已有的控件和属性。程序代码只允许在"*******Add******"与"*******Add******"之间的空行内补充一行语句以完成设计,不允许增删和修改其他位置已存在的语句。

实训五

"实训五"文件夹下存在一个"samp3.accdb"数据库文件,里面已经设计好"tStud"表对象、"qStud"查询对象和"fTimer"窗体对象,同时还设计了以"qStud"为数据源的"rStud"报表对象。试在此基础上按照以下要求补充报表和窗体设计。

(1) 在报表的报表页眉节添加一个标签控件,其名称为"bTitle",显示内容为"学生信息表";预览报表时,报表标题显示内容为"****年度#####",请按照 VBA 代码中的指示将代码补充完整。

说明:
① 显示的标题中,"****"为本年度年份,要求使用函数获取。
② 显示的标题中,"#####"为"bTitle"标签控件中的内容。
要求:标题显示内容的中间和前后不允许出现空格。

(2) 在报表的主体节添加一个文本框控件,显示"姓名"字段值。将该控件放置在距上边 0.1 厘米、距左边 3.2 厘米,并命名为"tName"。

(3) 按"编号"字段的前四位分组统计每组记录的平均年龄,并将统计结果显示在组页脚节。将计算控件命名为"tAvg"。
要求:使用分组表达式进行分组。

(4) 有一个名为"fTimer"的计时器窗体。运行该窗体后,窗体标题自动显示为"计时器";单击"设置"按钮(名为"cmdSet"),在弹出的输入框中输入计时秒数(10 以内的数);单击"开始"按钮(名为"cmdStar")开始计时,同时在文本框(名为"txtList")中显示计时的秒数。计时时间到时,停止计时并响铃,同时将文本框清零。根据以上描述,按照 VBA 代码中的指示将代码补充完整。

注意:
不允许改动数据库中的"tStud"表对象和"qStud"查询对象,同时也不允许修改"rStud"报表对象和"fTimer"窗体对象中已有的以及未涉及的控件和属性。程序代码只允许在"*******Add******"与"*******Add******"之间的空行内补充一行语句以完成设计,不允许增删和修改其他位置已存在的语句。

第 8 章
VBA数据库编程

上一章介绍了模块与 VBA 程序设计基础，包括 VBA 面向对象程序设计的初步知识、编程思想和一些编程方法。如果要想快速、有效地管理好自己的数据，开发一个完整的 Access 应用系统很有必要，因此，本章还要介绍开发数据库应用系统所需的 VBA 数据库编程方法。数据库编程方法的第一步就是如何高效连接数据库，早期的程序员在程序中连接数据库是非常困难的，数据库访问接口技术可以简化这一过程，通过编写相对简单的程序即可实现很复杂的任务，并为不同类别的数据库提供统一的接口。

8.1 数据库接口技术

VBA 通过 Microsoft Jet 数据库引擎工具来支持对数据库的访问。数据库引擎就是一组 Windows 支持下的动态链接库(DLL)，当应用程序运行时链接到 VBA 程序从而实现以多种形式访问数据库的功能。因此说数据库引擎是应用程序与数据库之间的接口，它以一种通用接口方式使各种类型的数据库对用户而言具有统一的形式和相同的数据访问与处理技术。

在 VBA 中主要提供了以下 3 种数据库访问技术。

1. ODBC

ODBC(Open Database Connectivity，开放式数据库互联)是微软公司开发的一套实现应用程序和关系数据库之间通信的接口标准，它提供了一种对数据库访问的通用接口。

在此标准的支持下，一个应用程序可以通过一组通用的代码实现对各种不同数据库系统的访问。在 Access 应用中，直接使用 ODBC API 需要比较烦琐的编程，因此在实际编程中很少直接进行 ODBC API 的访问。

2. DAO

DAO(Data Access Objects，数据访问对象)是微软公司的第一个面向对象的数据库接口。利用其中定义的一系列数据访问对象(如 Database、Recordset 等)，可以实现对数据库的各种操作。

DAO 最适合单系统应用程序或小范围的本地分布使用，其内部已经对数据库的访问进行了加速优化，使用也很方便。如果数据库是 Access 数据库并且是本地使用，可以使用这种访问方式。

3. ADO

ADO(ActiveX Data Objects，ActiveX 数据对象)是微软公司开发的基于组件的数据库编程接口，是一个和编程语言无关的组件对象模型系统。ADO 扩展了 DAO 所使用的对象模型，包含较少的对象，更多的属性、方法、事件。ADO 已经成为当前数据库开发的主流。

采用 ADO 实现对数据库的访问类似于编写数据库应用程序。ADO 支持用于建立客户端/服务器和基于 Web 的应用程序。

8.2 VBA 数据库访问技术

8.2.1 利用 DAO 访问数据库

1. DAO 的对象

DAO 模型是层次模型，其包含了集合对象和单个对象，提供了管理关系数据库系统操作对象的属性和方法，能够实现创建数据库、定义表、定义字段和索引、建立表之间的关系、定位指针、查询数据等功能。

DAO 模型提供的不同对象分别对应被访问数据库的不同部分。

例如，DBEngine 对象表示数据库引擎，包含并控制模型中的其他对象；Workspace 对象表示工作区；Database 对象表示操作的数据库对象；Recordset 对象表示数据操作返回的记录集，可以来自表、查询或 SQL 语句的运行结果；Field 对象表示字段，即记录集中的一列。

如果要在 VBA 程序设计中使用 DAO 的各个对象，必须先添加对 DAO 库的引用。

例如，在"教务管理系统"数据库中，DAO 库的引用设置方法如下。

(1) 打开"教务管理系统"数据库，进入 VBE 编程环境。

(2) 选择"工具" | "引用"菜单命令，打开"引用"对话框，如图 8-1 所示。

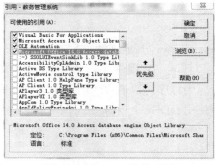

图 8-1　对 DAO 库的引用

(3) 在"可使用的引用"列表框中，选中"Microsoft Office 14.0 Access database engine Object Library"复选框，单击"确定"按钮即可。

2. Database 对象和 Recordset 对象的使用

1) 声明与初始化 Database 对象

Database 对象代表数据库。声明对象变量的关键字可以使用 Dim、Private、Public 等。对象变量必须通过 Set 命令来赋值。

声明 Database 对象变量的语句格式如下。

Dim 对象变量名 As Database

例如：

Dim db As Database   '声明 db 为数据库对象变量

Set 赋值语句格式如下。

Set 对象变量名称 = 对象指定声明

例如：

Set db = CurrentDb   '初始化 db 为 CurrentDb，即当前数据库

【例 8-1】通过 DAO 编程，显示当前打开的数据库的名称。

```
Private Sub 例8_1()
Dim db As Database      '声明 Database 类型的对象变量 db
Set db = CurrentDb      '初始化 db 为 CurrentDb
MsgBox db.Name          'Name 是 Database 对象变量的名称属性
End Sub
```

2）声明与打开 Recordset 对象

Recordset 对象代表一个表或查询中的所有记录，它提供了对记录的添加、删除和修改等操作的支持。这些操作可以调用 Bof、Eof、Filter 等属性来实现，常用属性如表 8-1 所示。也可以通过调用 AddNew、Delete、Edit 等方法来实现，常用方法如表 8-2 所示。

表 8-1 Recordset 对象的常用属性

属性	说明
BOf	若为 True，则记录指针指向记录集的第一个记录之前
EOf	若为 True，则记录指针指向记录集的最后一个记录之后
Filter	设置筛选条件过滤出满足条件的记录
RecordCount	返回记录集对象中的记录个数
NoMatch	使用 Find 方法时，如果没有匹配的记录，则为 True，否则为 False

表 8-2 Recordset 对象的常用方法

方法	说明	方法	说明
AddNew	添加新记录	FindFirst	查找第一个满足条件的记录
Delete	删除当前记录	FindLast	查找最后一个满足条件的记录
Edit	编辑当前记录	FindNext	查找下一个满足条件的记录
Update	更新当前记录	FindPrevious	查找前一个满足条件的记录
MoveFirst	移动记录指针到第一个记录	MoveNext	移动记录指针到下一个记录
MoveLast	移动记录指针到最后一个记录	MovePrevious	移动记录指针到前一个记录

声明 Recordset 对象变量的语句格式如下。

Dim 对象变量名 As Recordset

例如：

```
Dim db As Database
Dim rs As Recordset        '声明 rs 为记录集对象变量
Set db = CurrentDb
Set rs = db.OpenRecordset("读者", dbOpenDynaset)
```

3) 关闭 Database 对象和 Recordset 对象

在记录集使用完毕后，应该执行 Database 对象和 Recordset 对象的 Close 方法关闭对象，并将对象设置为 Nothing，以释放所占用的内存空间。具体设置方法如下。

```
rs.Close
db.Close
Set rs = Nothing
Set db = Nothing
```

8.2.2　利用 ADO 访问数据库

1. ADO 的对象

ADO 是目前微软公司通用的数据访问技术，以编程方式访问数据源。

ADO 对象模型有 9 个对象，即 Connection、Recordset、Record、Command、Parameter、Field、Property、Stream 和 Error。

下面简要介绍最常用的两个 ADO 对象，即 Connection 对象和 Recordset 对象。

Connection 对象是 ADO 对象模型中最高级的对象，用于实现应用程序与数据源的连接。

Recordset 对象是最常用的对象，它表示的是来自表或命令执行结果的记录集，包括记录和字段，具有其特定的属性和方法，程序员利用这些属性和方法就可以编程处理数据库中的记录。

与 DAO 模型中的 Recordset 对象类似，ADO 模型中的记录集 Recordset 可执行的操作包括对表中的数据进行查询和统计，在表中添加、更新或删除记录。

如果要在程序中通过 ADO 访问数据库，需要经过以下几个步骤。

(1) 声明 Connection 对象，建立与数据源的连接。
(2) 声明 Recordset 对象，打开数据源对象。
(3) 编程完成各种数据访问操作。
(4) 关闭、回收 Recordset 对象和 Connection 对象。

2. Connection 对象和 Recordset 对象的使用

1) 声明与初始化 Connection 对象

创建与数据源的连接，首先要声明并实例化一个 Connection 对象，然后初始化 Connection 对象，以决定 Connection 对象与哪个数据库相连接。

```
Dim cn As ADODB.Connection    '声明一个 Connection 类型的对象变量 cn
Set cn = New ADODB.Connection    '实例化该对象，ADODB 是 ADO 类库名
'也可将以上两行语句合并，写为：Dim cn As New ADODB.Connection
```

```
'将其初始化为 CurrentProject,即与当前数据库连接
Set cn = CurrentProject.Connection
```

2) 声明与打开 Recordset 对象

在连接到数据源后,需要声明并实例化一个新的 Recordset 对象,然后打开该对象,从数据源获取的数据就存放在 Recordset 对象中。

调用 Recordset 对象的方法就可以查询、编辑和删除记录集中的数据,这些数据是从打开的表或查询对象中返回的。

具体设置如下。

```
Dim rs As ADODB.Recordset    '声明一个 Recordset 类型的对象变量 rs
Set rs = New ADODB.Recordset    '实例化该对象
'也可将以上两行语句合并,写为:Dim rs As New ADODB.Recordset
rs.Open "读者"
```

实际上,Recordset 对象的 Open 方法有 5 个参数,其完整的语法格式如下。

```
Recordset.open Source, ActiveConnection, CursorType, LockType, Options
```

各参数的含义如下。

Source:该参数通常为 SQL 语句或表名。

ActiveConnection:该参数可以是一个已打开的连接,一般为有效的 Connection 对象变量名。

CursorType:该参数表示打开 Recordset 对象时使用的游标类型(游标即记录指针),用于指向要操作的某条记录,其具体含义如表 8-3 所示。

表 8-3 CursorType 参数的值及其含义

值	常量	说明
0	adOpenForwardonly	只能在 ReCordSet 对象的记录中向前移动,但速度最快
1	adOpenKeyset	可以在 ReCordSet 对象中任意移动,其他用户所做的记录修改可见,但其他用户添加的记录不可见,删除的记录字段值不能被使用
2	adOpenDynamic	可以在 Recordset 对象中任意移动,其他用户的增加、删除、修改记录都可见,但速度最慢
3	adOpenstatic	可以在 Recordset 对象中任意移动,其他用户的增加、删除、修改记录都不可见

LockType:该参数表示打开 Recordset 对象时使用的锁定(并发)类型。

Options:该参数指定 Source 传递命令的类型。

3) 关闭 Connection 对象和 Recordset 对象

在记录集使用完毕之后,应该执行 Connection 对象和 Recordset 对象的 Close 方法关闭对象,并将对象设置为 Nothing,以释放所占用的内存空间。具体设置方法如下。

```
rs.Close
cn.Close
Set rs = Nothing
Set cn = Nothing
```

3. 浏览和编辑记录集中的数据

在从数据源获取数据后，就可以对记录集中的数据进行浏览、插入、删除和更新等操作。对记录集的任何访问都是针对当前记录进行的，打开记录集时默认的当前记录为第一条记录，这时候当前记录会有一个记录指针指向这条记录。

接下来对表中记录的操作就可以通过调用属性和方法来实现，ADO 的 Recordset 对象提供了 Bof、Eof、RecordCount 等属性，比如 Bof 属性的功能是判断记录指针是否指向记录集顶部，常用属性如表 8-4 所示。ADO 的 Recordset 对象还提供了 Move、AddNew、Update 等方法，比如 Move 方法的功能是移动记录指针来访问记录集中的其他记录，AddNew 方法用于添加新记录，Update 方法用于保存新添加或修改后的记录，Delete 方法用于删除记录，常用方法如表 8-5 所示。

表 8-4 ADO 的 Recordset 对象的常用属性

名称	含义
Bof	如果为真，指针指向记录集的顶部
Eof	如果为真，指针指向记录集的底部
RecordCount	返回记录集对象中记录的个数
Filter	设置筛选条件过滤出满足条件的记录

表 8-5 ADO 的 Recordset 对象的常用方法

名称	含义
AddNew	添加新记录
Delete	删除当前记录
Find	查找满足条件的记录
Move	移动记录指针的位置
MoveFirst	指针定位在第一条记录
MoveLast	指针定位在最后一条记录
MoveNext	指针定位在下一条记录
MovePrevious	指针定位在上一条记录
Update	将 Recordset 对象中的数据保存到数据库
Close	关闭连接或记录集

【例 8-2】在"教务管理"数据库中使用 ADO 的 Recordset 对象和 Connection 对象创建"学生"记录集，向后移动记录并计算记录数。

```
Sub DemoRecordset1()
    '声明并实例化 Connection 对象和 Recordset 对象
    Dim cnn As ADODB.Connection
    Dim rst As ADODB.Recordset
    Set cnn=New ADODB.Connection
    Set rst=New ADODB.Recordset
    '将 Recordset 对象连接到当前数据库
    Set cnn= CurrentProject.Connection
```

```
        rst.ActiveConnection=cnn
        '使用 Recordset 对象的 Open 方法打开记录集
        rst.Open "SELECT * FROM 学生"
        '在立即窗口打印第 1 条记录的姓名
        Debug.Print rst("姓名")
        '向后移动记录并打印第 2 条记录的姓名
        rst.Movenext
        Debug.Print rst("姓名")
        '打印记录总数
        Debug.Print rst.RecordCount
        '关闭并销毁变量
        rst.Close:cnn.Close
        Set rst=Nothing:Set cnn=Nothing
    End Sub
```

【例 8-3】对"教师管理.accdb"数据库文件中的"教师"表进行操作，将职务为"博士生导师"的教师的"退休年限"延长到 65 岁。

```
        Sub AgePlus()
        Dim cn As New ADODB.Connection    '连接对象
        Dim rs As New ADODB.Recordset     '记录集对象
        Dim fd As ADODB.Field             '字段对象
        Dim strConnect As String          '连接字符串
        Dim strSQL As String              '查询字符串
        Set cn = CurrentProject.Connection
        strSQL = "Select 退休年限 from 教师 where 职务='博士生导师'"
        rs.Open strSQL, cn, adOpenDynamic, adLockOptimistic, adCmdText
        Set fd = rs.Fields("退休年限")
        Do While Not rs.EOF
        fd = 65
        rs.Update
        rs.MoveNext
        Loop
        rs.Close
        cn.Close
        Set rs = Nothing
        Set cn = Nothing
        End Sub
```

8.3 VBA 程序的调试与错误处理

8.3.1 VBA 程序的错误类型

使用 VBA 编程时可能产生的错误有 4 种：语法错误、编译错误、运行错误和逻辑错误。

1. 语法错误

语法错误是指输入代码时产生的不符合 VBA 语法要求的错误，初学者经常发生此类错误，系统能自动检测出。例如，标点符号丢失、括号不匹配、使用了全角符号、使用了对象不存在的属性或方法、If 和 End If 不匹配等。

如果在输入程序时发生了此类错误，编辑器会随时指出，并将出现错误的语句用红色显示。编程者只要根据给出的出错信息，就可以及时改正错误。

2. 编译错误

编译错误是指在程序编译过程中发现的错误。例如，在要求显式声明变量时输入了一个未声明的变量。对于这类错误，编译器往往会在程序运行初期的编译阶段发现并指出，并将出错的行高亮显示，同时停止编译并进入中断状态。

3. 运行错误

运行错误是指在 VBE 环境中程序运行时发现的错误。例如，出现除数为 0 的情况，或者试图打开一个不存在的文件等，系统会给出运行时错误的提示信息并告知错误的类型。

对于上面的三种错误，都会在程序运行过程中由计算机识别出来。编程者这时可以修改程序中的错误，然后选择"运行"|"继续"菜单命令，继续运行程序；也可以选择"运行"|"重新设置"菜单命令退出中断状态。

4. 逻辑错误

逻辑错误是指程序编译没有报错，但程序运行结果与所期望的结果不同。

产生逻辑错误的原因有多种。例如，在书写表达式时忽视了运算符的优先级，造成表达式的运算顺序有问题；将排序的算法写错，不能得到正确的排序结果；程序的分支条件或循环条件没有设置正确；程序设计存在算法错误等。

逻辑错误不能由计算机自动识别，需要编程者认真阅读、分析程序，通过调试程序发现问题所在。

因此，这类错误也是最难发现的。

8.3.2 VBA 程序的调试方法

1. 程序模式

在 VBE 环境中测试和调试应用程序代码时，程序所处的模式包括设计模式、运行模式和中断模式。在设计模式下，VBE 创建应用程序；在运行模式下，VBE 运行这个程序；在中断模式下，能够中断程序，利于检查和改变数据。

2. 调试方式

调试方式包括逐语句执行代码、逐过程执行代码、跳出执行代码、运行到光标处、设置下一条语句 5 种，如图 8-2 所示。

8.3.3 调试工具的使用

在 VBE 环境中，执行"视图"→"工具栏"→"调试"命令，可以打开"调试"工具栏，或用鼠标右击菜单栏空白位置，在弹出的快捷菜单中选择"调试"选项也可以打开"调试"工具栏。

图 8-2　调试方式

1. 使用调试窗口

在 VBA 中，用于调试的窗口包括本地窗口、立即窗口、监视窗口和快速监视窗口。

1) 本地窗口

单击"调试"工具栏上的"本地窗口"按钮，可以打开本地窗口，该窗口内部自动显示出所有当前过程中的变量声明及变量值。

2) 立即窗口

单击"调试"工具栏上的"立即窗口"按钮，可以打开立即窗口。在中断模式下，立即窗口中可以加入一些调试语句，而这些语句是根据显示在立即窗口区域的内容或范围来执行的。

3) 监视窗口

单击"调试"工具栏上的"监视窗口"按钮，可以打开监视窗口。在中断模式下，右击监视窗口将弹出快捷菜单，选择"编辑监视"或"添加监视"命令，打开"编辑(或添加)窗口"对话框，在表达式位置进行监视表达式的修改或添加，选择"删除监视"选项则会删除存在的监视表达式。

通过在监视窗口增添监视表达式的方法，程序可以动态了解一些变量或表达式的值的变化情况，进而对代码的正确与否有清楚的判断。

4) 快速监视窗口

在中断模式下，先在程序代码区选定某个变量或表达式，然后单击"快速监视"工具按钮，打开"快速监视"窗口。从中可以快速观察到该变量或表达式的当前值，达到快速监视的效果。

8.4 小结

通过本章的学习，我们了解了开发一个简单数据库应用系统所需的 VBA 数据库编程方法。掌握 DAO 和 ADO 数据库编程的基本方法，掌握其中常用对象的属性和方法，并会应用调试工具和调试方法对代码进行调试，解决一些常见错误，最终能够执行一个简单的数据库应用系统。

8.5 练习题

一、选择题

1. 窗体中有一个名为 tText 的文本框和一个名为 bCommand 的命令按钮，并编写了相应的事件过程。运行此窗体，在文本框中输入一个字符，则命令按钮上的标题变为"说明"。以下能够实现上述功能的事件过程是(　　)。

A. Private Sub tText_Change()
　　bCommand.Caption = "说明"
　End Sub

B. Private Sub bCommand_Click()
　　Caption = "说明"
　End Sub

C. Private Sub tText_Click()
　　bCommand.Caption = "说明"
　End Sub

D. Private Sub bCommand_Change()
　　Caption = "说明"
　End Sub

2. 对"教师管理.accdb"数据库文件中的"教师"表进行操作，将职务为"博士生导师"的教师的"退休年龄"延长到 65 岁，程序【】处应填写的是(   )。

```
Sub AgePlus()
Dim cn As New ADODB.Connection '连接对象
Dim rs As New ADODB.Recordset '记录集对象
Dim fd As ADODB.Field '字段对象
Dim strConnect As String '连接字符串
Dim strSQL As String '查询字符串
Set cn = CurrentProject.Connection
strSQL = "Select 退休年龄 from 教师 where 职务='博士生导师'"
rs.Open strSQL, cn, adOpenDynamic, adLockOptimistic, adCmdText
Set fd = rs.Fields("退休年龄")
Do While Not rs.EOF
fd = 65
【  】
rs.MoveNext
Loop
rs.Close
cn.Close
Set rs = Nothing
Set cn = Nothing
End Sub
```

  A．rs.Update　　　　B．rs.Edit　　　　C．Edit　　　　D．Update

3. 下列程序的功能是返回当前窗体的记录集：

```
Sub GetRecNum()
    Dim rs As Object
    Set rs = 【  】
    MsgBox rs.RecordCount
End Sub
```

为保证程序输出记录集(窗体记录源)的记录数，括号内应填入的语句是(   )。

  A．Me.Recordset　　　　　　　　B．Me.RecordLocks
  C．Me.RecordSource　　　　　　D．Me.RecordSelectors

4. "用户表"中包含 4 个字段：用户名(文本，主关键字)，密码(文本)，登录次数(数字)，最近登录时间(日期/时间)。在"登录界面"的窗体中有两个名为 tUser 和 tPassword 的文本框，一个登录按钮 Command0。进入登录界面后，用户输入用户名和密码，单击登录按钮后，程序查找"用户表"。如果用户名和密码全部正确，则登录次数加 1，显示上次的登录时间，并记录本次登录的当前日期和时间；否则，显示出错提示信息。

  为完成上述功能，请在程序中的【】处填入适当语句。

```
Private Sub Command0_Click()
Dim cn As New ADODB.Connection
Dim rs As New ADODB.Recordset
Dim fd1 As ADODB.Field
Dim fd2 As ADODB.Field
Dim strSQL As String
```

```
Set cn = CurrentProject.Connection
strSQL = "Select 登录次数, 最近登录时间 From 用户表 Where 用户名='" & Me!tUser &
"' And 密码='" & Me!tPassword & "'"
rs.Open strSQL, cn, adOpenDynamic, adLockOptimistic, adCmdText
Set fd1 = rs.Fields("登录次数")
Set fd2 = rs.Fields("最近登录时间")
If Not rs.EOF Then
fd1 = fd1 + 1
MsgBox "用户已经登录：" & fd1 & "次" & Chr(13) & Chr(13) & "上次登录时间：" & fd2
fd2 = Now()
【   】
Else
MsgBox "用户名或密码错误。"
End If
rs.Close
cn.Close
Set rs = Nothing
Set cn = Nothing
End Sub
```

  A. rs.Update B. Update C. rs.Change D. Change

5. 在使用 ADO 访问数据源时, 从数据源获得的数据以行的形式存放在一个对象中, 该对象应是( )。

  A. Command B. Recordset C. Connection D. Parameters

6. 采用 ADO 完成对"教学管理.accdb"数据库文件中"学生表"的学生年龄都加 1 的操作, 程序空白处应填写的是( )。

```
Sub SetAgePlus()
Dim cn As New ADODB.Connection
Dim rs As New ADODB.Recordset
Dim fd As ADODB.Field
Dim strConnect As String
Dim strSQL As String
Set cn=CurrentProject.Connection
strSQL="Select 年龄 from 学生表"
rs.Open strSQL, cn, adOpenDynamic, adLockOptimistic, adCmdText
Set fd=rs.Fields("年龄")
Do While Not rs.EOF
fd=fd+1
_____
rs.MoveNext
Loop
rs.Close
cn.Close
Set rs=Nothing
Set cn=Nothing
End Sub
```

  A. rs.Edit B. rs.Update C. Edit D. Update

7. ODBC 的含义是(   )。
   A. 开放式数据库连接　　　　　　　B. 数据库访问对象
   C. 对象链接嵌入数据库　　　　　　D. ActiveX 数据对象

8. 在 VBA 中，能自动检查出来的错误是(   )。
   A. 语法错误　　　B. 逻辑错误　　　C. 运行错误　　　D. 注释错误

9. 要将"职工管理.accdb"数据库文件中的"职工情况"表中男职工的"退休年限"字段加上 5，程序【】处应填写的语句是(   )。

```
Sub AgePlus()
Dim cn As New ADODB.Connection '连接对象
Dim rs As New ADODB.Recordset  '记录集对象
Dim fd As ADODB.Field   '字段对象
Dim strConnect As String   '连接字符串
Dim strSQL As String   '查询字符串
Set cn = CurrentProject.Connection
strSQL = "Select 退休年限 from 职工情况 where 性别='男'"
rs.Open strSQL, cn, adOpenDynamic, adLockOptimistic, adCmdText
Set fd = rs.Fields("退休年限")
Do While Not rs.EOF
fd = fd + 5
【  】
rs.MoveNext
Loop
rs.Close
cn.Close
Set rs = Nothing
Set cn = Nothing
End Sub。
```

　　　A. rs.Update　　　B. rs.Edit　　　C. Edit　　　D. Update

10. 下列子过程实现对"教师表"中的基本工资涨 10%的操作。

```
Sub GongZi()
Dim cn As New ADODB.Connection
Dim rs As New ADODB.Recordset
Dim fd As ADODB.Field
Dim strConnect As String
Dim strSQL As String
Set cn=CurrentProject.Connection
strSQL = "Select 基本工资 from 教师表"
rs.Open strSQL, cn, adOpenDynamic, adLockOptimistic, adCmdText
Set fd = rs.Fields("基本工资")
Do While Not rs.EOF
【  】
rs.Update
rs.MoveNext
Loop
rs.Close
cn.Close
```

```
Set rs = Nothing
Set cn = Nothing
End Sub
```

程序空白处【】应该填写的语句是(　　)。

  A. fd = fd * 1.1   B. rs = rs * 1.1

  C. 基本工资 = 基本工资 * 1.1   D. rs.fd = rs.fd * 1.1

二、填空题

1. ADO 的 3 个核心对象是_____、_____、_____。

2. 为了建立与数据库的连接，必须调用连接对象的_____方法，建立连接后，可利用连接对象的_____方法来执行 SQL 语句。

3. 若要判断记录集对象 rst 是否已到文件尾，则条件表达式是_____。

4. 判断记录指针是否到了记录集的末尾的属性是_____，向下移动指针可调用记录集对象的_____方法来实现。

8.6 实训项目

【实训目的及要求】

1. 掌握 Access 数据库程序设计的方法。
2. 了解 Access 数据库接口技术。
3. 学会解答全国计算机等级考试二级题。

【实训内容】

实训一

实训一文件夹下存在一个"samp3.accdb"数据库文件，里面已经设计了两个表对象"tEmp"和"tGroup"，同时还设计了"fEmp"窗体对象、"rEmp"报表对象和"mEmp"宏对象，试按以下功能要求进行补充设计。

(1) 将"rEmp"报表中的记录数据按姓氏分组升序排列，并在相关的组页眉节区域添加一个文本框控件(命名为"tNum")，计算并显示各姓氏员工的人数。

注意：

这里无须考虑复姓情况。所有姓名的第一个字符视为其姓氏信息。

要求：使用分组表达式进行分组；用"编号"字段统计各姓氏人数。

(2) 将"rEmp"报表主体节区域内"tDept"文本框的控件来源属性设置为计算控件。要求该控件可以根据报表数据源里的"所属部门"字段值，从非数据源"tGroup"表对象中检索出对应的部门名称并显示输出。

提示：考虑使用 DLookup 函数。

(3) 设置相关属性，将"fEmp"窗体的整个背景显示为考生文件夹内的"bk.bmp"图像文件。在窗体加载事件中设置窗体标题为"××年度报表输出"。

说明:"××"为两位的当前年显示。
要求:当前年的年份使用相关函数获取。

(4) 在"fEmp"窗体中单击"报表输出"按钮(名为"bt1"),调用事件代码先将"退出"按钮标题设为粗体显示,再以预览方式打开"rEmp"报表,请按 VBA 代码指示将代码补充完整。设置"退出"按钮(名为"bt2")的相关事件,当单击该按钮时,调用设计好的"mEmp"宏来关闭窗体。

注意:

不允许修改数据库中的"tEmp""tGroup"表对象和"mEmp"宏对象;不允许修改"fEmp"窗体对象和"rEmp"报表对象中未涉及的控件和属性;已给事件过程,只允许在"*****Add*****"与"*****Add*****"之间的空行内补充语句以完成设计,不允许增删和修改其他位置已存在的语句。

实训二

实训二文件夹下存在一个"samp3.accdb"数据库文件,里面已经设计好了"tEmp"和"tGroup"表对象、"fEmp"窗体对象、"rEmp"报表对象和"mEmp"宏对象。试在此基础上按照以下要求补充设计:

(1) 设置"rEmp"报表的相关属性,使其显示年龄小于 30 岁(不含 30)、职务为"职员"的女职工记录。设置报表主体节区域内"tName"文本框控件的显示内容为"姓名"字段值。

(2) 将"rEmp"报表主体节区域内"tDept"文本框的控件来源属性设置为计算控件。要求该控件可以根据报表数据源中的"所属部门"字段值,从非数据源"tGroup"表对象中检索出对应的部门名称并显示输出。在适当位置增加一个计算控件(命名为 tAvg),计算并显示每个部门的平均年龄。

说明:这里的适当位置是指组页脚、页面页脚或报表页脚。
提示:考虑使用 Dlookup 函数。

(3) 设置"fEmp"窗体的标题为"职员基本情况查询";将"mEmp"宏重命名为自动执行的宏。

(4) 在"fEmp"窗体的窗体页眉节上有一个文本框(名为"txtName")和一个命令按钮(名为"cmdQuery")。在文本框中输入职员姓名后,单击"cmdQuery"命令按钮,调用事件代码,将依据输入的姓名在"tEmp"表中进行查找,并将找到的信息添加到主体节相应的文本框中,如果没有找到将显示提示信息"对不起,没有这个职员!";如果在"txtName"文本框中未输入姓名,单击"cmdQuery"命令按钮后,将显示提示信息"对不起,未输入职员姓名,请输入!"。根据上述功能描述,按照 VBA 代码指示,将代码补充完整。

注意:

不允许修改数据库中的"tEmp"和"tGroup"表对象;不允许修改"mEmp"宏对象里的内容;不允许修改"fEmp"窗体对象和"rEmp"报表对象中未涉及的控件和属性。已给事件过程,只允许在"*****Add*****"与"*****Add*****"之间的空行内补充一条语句以完成设计,不允许增删和修改其他位置已存在的语句。

第 9 章 公共基础知识

9.1 数据结构与算法

9.1.1 算法

1. 算法概述

(1) 算法的基本特征：可行性、确定性、有穷性、拥有足够的情报。

(2) 算法的基本要素：一个算法由两种基本要素组成，一是对数据对象的运算和操作；二是算法的控制结构。

① 算法中对数据的运算和操作。

在一般的计算机系统中，基本的运算和操作有以下 4 类：算术运算、逻辑运算、关系运算和数据传输。

② 算法的控制结构。

算法中各操作之间的执行顺序称为算法的控制结构。一个算法一般都可以用顺序、选择、循环 3 种基本控制结构组合而成。

2. 算法的复杂度

1) 算法的时间复杂度

算法的时间复杂度是指执行算法所需要的计算工作量。同一个算法用不同的语言实现，或者用不同的编译程序进行编译，或者在不同的计算机上运行，效率均不同。这表明使用绝对的时间单位衡量算法的效率是不合适的。撇开这些与计算机硬件、软件有关的因素，可以认为一个特定算法"运行工作量"的大小，只依赖于问题的规模(通常用整数 n 表示)，它是问题规模的函数。即

$$算法的工作量 = f(n)$$

2) 算法的空间复杂度

算法的空间复杂度是指执行这个算法所需要的内存空间。一个算法所占用的内存空间包括算法程序所占的内存空间、输入的初始数据所占的存储空间以及算法执行过程中所需要的额外空间。其中额外空间包括算法程序执行过程中的工作单元以及某种数据结构所需要的附加存储空间。如果额外空间量相对于问题规模来说是常数，则称该算法是原地工作的。在许多实际问题中，为了减少算法所占的存储空间，通常采用压缩存储技术，以便尽量减少不必要的额外空间。

9.1.2 数据结构的基本概念

数据：是对客观事物的符号表示，在计算机科学中是指所有能输入到计算机中并被计算机程序处理的符号的总称。

数据元素：是数据的基本单位，在计算机程序中通常作为一个整体进行考虑和处理。

数据对象：是性质相同的数据元素的集合，是数据的一个子集。

1. 数据结构的定义

数据结构作为计算机的一门学科，主要研究和讨论以下三个方面的内容：

(1) 数据的逻辑结构：数据集合中各数据元素之间所固有的逻辑关系。

数据的逻辑结构是对数据元素之间的逻辑关系的描述，它可以用一个数据元素的集合和定义在此集合中的若干关系来表示。数据的逻辑结构有两个要素：一是数据元素的集合，通常记为 D；二是 D 上的关系，它反映了数据元素之间的前后件关系，通常记为 R。一个数据结构可以表示成

$$B = (D, R)$$

其中 B 表示数据结构。为了反映 D 中各数据元素之间的前后件关系，一般用二元组来表示。

(2) 数据的存储结构：数据的逻辑结构在计算机存储空间中的存放形式，也称数据的物理结构。

由于数据元素在计算机存储空间中的位置关系可能与逻辑关系不同，因此，为了表示存放在计算机存储空间中的各数据元素之间的逻辑关系(即前后件关系)，在数据的存储结构中，不仅要存放各数据元素的信息，还需要存放各数据元素之间的前后件关系的信息。

一种数据的逻辑结构根据需要可以表示成多种存储结构，常用的存储结构有顺序、链接、索引等存储结构。而采用不同的存储结构，其数据处理的效率是不同的。因此，在进行数据处理时，选择合适的存储结构是很重要的。

(3) 对各种数据结构进行的运算。

2. 线性结构与非线性结构

根据数据结构中各数据元素之间前后件关系的复杂程度，一般将数据结构分为两大类型：线性结构与非线性结构。

如果一个非空的数据结构满足下列两个条件：

(1) 有且只有一个根节点。

(2) 每一个节点最多有一个前件，也最多有一个后件。

则称该数据结构为线性结构。线性结构又称线性表。在一个线性结构中插入或删除任何一个节点后还应是线性结构。如果一个数据结构不是线性结构，则称之为非线性结构。

9.1.3 栈及线性链表

1. 栈及其基本运算

栈是限定只在一端进行插入与删除的线性表，通常称插入、删除的这一端为栈顶，另一端为栈底。当表中没有元素时称为空栈。栈顶元素总是后被插入的元素，从而也是最先被删除的元素；栈底元素总是最先被插入的元素，从而也是最后才能被删除的元素。栈是按照"先进后

出"或"后进先出"的原则组织数据的。

2. 栈的顺序存储及其运算

用一维数组 $S(1:m)$ 作为栈的顺序存储空间，其中 m 为最大容量。

在栈的顺序存储空间 $S(1:m)$ 中，$S(bottom)$ 为栈底元素，$S(top)$ 为栈顶元素。$top = 0$ 表示栈空；$top = m$ 表示栈满。

栈的基本运算有三种：入栈、退栈与读栈顶元素。

(1) 入栈运算：入栈运算是指在栈顶位置插入一个新元素。首先将栈顶指针加一(即 top 加 1)，然后将新元素插入栈顶指针指向的位置。当栈顶指针已经指向存储空间的最后一个位置时，说明栈空间已满，不可进行入栈操作。这种情况称为栈"上溢"错误。

(2) 退栈运算：退栈是指取出栈顶元素并赋给一个指定的变量。首先将栈顶元素(栈顶指针指向的元素)赋给一个指定的变量，然后将栈顶指针减一(即 top 减 1)。当栈顶指针为 0 时，说明栈空，不可进行退栈操作。这种情况称为栈的"下溢"错误。

(3) 读栈顶元素：读栈顶元素是指将栈顶元素赋给一个指定的变量。这个运算不删除栈顶元素，只是将它赋给一个变量，因此栈顶指针不会改变。当栈顶指针为 0 时，说明栈空，读不到栈顶元素。

3. 线性链表的基本概念

在链式存储方式中，要求每个节点由两部分组成：一部分用于存放数据元素值，称为数据域，另一部分用于存放指针，称为指针域。其中指针用于指向该节点的前一个或后一个节点(即前件或后件)。

链式存储方式既可用于表示线性结构，也可用于表示非线性结构。

1) 线性链表

线性表的链式存储结构称为线性链表。

在某些应用中，对线性链表中的每个节点设置两个指针，一个称为左指针，用以指向其前件节点；另一个称为右指针，用以指向其后件节点。这样的表称为双向链表。

2) 带链的栈

栈也是线性表，也可以采用链式存储结构。带链的栈可以用来收集计算机存储空间中所有空闲的存储节点，这种带链的栈称为可利用栈。

9.1.4 树与二叉树

1. 树与二叉树及其基本性质

1) 树的基本概念

树(tree)是一种简单的非线性结构。在树结构中，每一个节点只有一个前件，称为父节点，没有前件的节点只有一个，称为树的根节点。每一个节点可以有多个后件，它们称为该节点的子节点。没有后件的节点称为叶子节点。

在树结构中，一个节点所拥有的后件个数称为该节点的度。叶子节点的度为 0。在树中，所有节点中的最大的度称为树的度。

2) 二叉树及其基本性质

二叉树是一种很有用的非线性结构，具有以下两个特点：
(1) 非空二叉树只有一个根节点。
(2) 每一个节点最多有两棵子树，且分别称为该节点的左子树和右子树。

由以上特点可以看出，在二叉树中，每一个节点的度最大为2，即所有子树(左子树或右子树)也均为二叉树，而树结构中的每一个节点的度可以是任意的。另外，二叉树中的每个节点的子树被明显地分为左子树和右子树。在二叉树中，一个节点可以只有左子树而没有右子树，也可以只有右子树而没有左子树。当一个节点既没有左子树也没有右子树时，该节点即为叶子节点。

二叉树具有以下几个性质。

性质1：在二叉树的第 k 层上，最多有 2^{k-1} ($k \geqslant 1$)个节点。

性质2：深度为 m 的二叉树最多有 $2^k - 1$ 个节点。

性质3：在任意一棵二叉树中，度为 0 的节点(即叶子节点)总是比度为 2 的节点多一个。

性质4：具有 n 个节点的二叉树，其深度至少为 $[\log_2^n] + 1$。

3) 满二叉树与完全二叉树

满二叉树是指这样的一种二叉树：除最后一层外，每一层上的所有节点都有两个子节点。在满二叉树中，每一层上的节点数都达到最大值，即在满二叉树的第 k 层上有 2^{k-1} 个节点，且深度为 m 的满二叉树有 $2^k - 1$ 个节点。

完全二叉树是指这样的二叉树：除最后一层外，每一层上的节点数均达到最大值；在最后一层上只缺少右边的若干节点。

对于完全二叉树来说，叶子节点只可能在层次最大的两层上出现；对于任何一个节点，若其右分支下的子孙节点的最大层次为 p，则其左分支下的子孙节点的最大层次或为 p，或为 $p+1$。

完全二叉树具有以下两个性质：

性质1：具有 n 个节点的完全二叉树的深度为 $[\log_2^n] + 1$。

性质2：设完全二叉树共有 n 个节点。如果从根节点开始，按层次(每一层从左到右)用自然数 1，2，…，n 给节点进行编号，则对于编号为 $k(k=1, 2, \cdots, n)$ 的节点有以下结论。

(1) 若 $k=1$，则该节点为根节点，它没有父节点；若 $k>1$，则该节点的父节点编号为 INT($k/2$)。

(2) 若 $2k \leqslant n$，则编号为 k 的节点的左子节点编号为 $2k$；否则该节点无左子节点(显然也没有右子节点)。

(3) 若 $2k+1 \leqslant n$，则编号为 k 的节点的右子节点编号为 $2k+1$；否则该节点无右子节点。

2. 二叉树的遍历

在遍历二叉树的过程中，一般先遍历左子树，再遍历右子树。在先左后右的原则下，根据访问根节点的次序，二叉树的遍历分为三类：前序遍历、中序遍历和后序遍历。

(1) 前序遍历：先访问根节点，然后遍历左子树，最后遍历右子树；并且，在遍历左、右子树时，仍然先访问根节点，然后遍历左子树，最后遍历右子树。

(2) 中序遍历：先遍历左子树，然后访问根节点，最后遍历右子树；并且，在遍历左、右子树时，仍然先遍历左子树，然后访问根节点，最后遍历右子树。

(3) 后序遍历：先遍历左子树，然后遍历右子树，最后访问根节点；并且，在遍历左、右子树时，仍然先遍历左子树，然后遍历右子树，最后访问根节点。

9.1.5 查找技术

1. 顺序查找

顺序查找是指在一个给定的数据结构中查找某个指定的元素。从线性表的第一个元素开始，依次将线性表中的元素与被查找的元素相比较，若相等则表示查找成功；若线性表中所有的元素都与被查找元素进行了比较但都不相等，则表示查找失败。

在下列两种情况下只能采用顺序查找：
(1) 如果线性表为无序表，则不管是顺序存储结构还是链式存储结构，只能用顺序查找。
(2) 即使是有序线性表，如果采用链式存储结构，也只能用顺序查找。

2. 二分法查找

二分法只适用于顺序存储的，按非递减排列的有序表，其方法如下：
设有序线性表的长度为 n，被查找的元素为 i。
(1) 将 i 与线性表的中间项进行比较。
(2) 若 i 与中间项的值相等，则查找成功。
(3) 若 i 小于中间项，则在线性表的前半部分以相同的方法查找。
(4) 若 i 大于中间项，则在线性表的后半部分以相同的方法查找。

9.1.6 排序技术

1. 冒泡排序法

首先，从表头开始往后扫描线性表，逐次比较相邻两个元素的大小，若前面的元素大于后面的元素，则将它们互换，不断地将两个相邻元素中的大者往后移动，最后最大者到了线性表的最后。

然后，从后到前扫描剩下的线性表，逐次比较相邻两个元素的大小，若后面的元素小于前面的元素，则将它们互换，不断地将两个相邻元素中的小者往前移动，最后最小者到了线性表的最前面。

对剩下的线性表重复上述过程，直到剩下的线性表变空为止，此时已经排好序。

在最坏的情况下，冒泡排序需要比较次数为 $n(n-1)/2$。

2. 快速排序法

它的基本思想是：任取待排序序列中的某个元素作为基准(一般取第一个元素)，通过一趟排序，将待排元素分为左右两个子序列，左子序列元素的排序码均小于或等于基准元素的排序码，右子序列的排序码则大于基准元素的排序码，然后分别对两个子序列继续进行排序，直至整个序列有序。

9.2 程序设计基础

9.2.1 结构化程序设计

20世纪70年代提出了"结构化程序设计"的思想和方法。结构化程序设计方法引入了工程化思想和结构化思想，使大型软件的开发和编程得到了极大的改善。结构化程序设计方法的主要原则为：自顶向下、逐步求精、模块化和限制使用goto语句。

9.2.2 面向对象的程序设计

面向对象的程序设计涵盖了对象、类和实例、消息、继承和多态性几个基本要素。

1. 对象

通常把对对象的操作称为方法或服务。

属性即对象所包含的信息，它在设计对象时确定，一般只能通过执行对象的操作来改变。属性值应该指的是纯粹的数据值，而不能指对象。

操作描述了对象执行的功能，若通过信息的传递，还可以被其他对象使用。

对象具有如下特征：标识唯一性、分类性、多态性、封装性、模块独立性。

2. 类和实例

类是具有共同属性、共同方法的对象的集合。它描述了属于该对象类型的所有对象的性质，而一个对象则是其对应类的一个实例。

类是关于对象性质的描述，它同对象一样，包括一组数据属性和在数据上的一组合法操作。

3. 消息

消息是实例之间传递的信息，它请求对象执行某一处理或回答某一要求的信息，它统一了数据流和控制流。

一个消息由三部分组成：接收消息的对象的名称、消息标识符(消息名)和零个或多个参数。

4. 继承

广义地说，继承是指能够直接获得已有的性质和特征，而不必重复定义它们。

继承分为单继承与多重继承。单继承是指一个类只允许有一个父类，即类等级为树形结构。多重继承是指一个类允许有多个父类。

5. 多态性

对象根据所接收的消息而做出动作，同样的消息被不同的对象接收时可导致完全不同的行动，该现象称为多态性。

9.3 软件工程基础

9.3.1 软件工程基本概念

1. 软件定义与软件特点

软件指的是计算机系统中与硬件相互依存的另一部分,包括程序、数据和相关文档的完整集合。程序是软件开发人员根据用户需求开发的、用程序设计语言描述的、适合计算机执行的指令序列。数据是使程序能正常操纵信息的数据结构。文档是与程序的开发、维护和使用有关的图文资料。可见,软件由以下两部分组成:

(1) 机器可执行的程序和数据。
(2) 机器不可执行的,与软件开发、运行、维护、使用等有关的文档。

软件有以下特点:

(1) 软件是逻辑实体,而不是物理实体,具有抽象性。
(2) 没有明显的制作过程,可进行大量的复制。
(3) 使用期间不存在磨损、老化问题。
(4) 软件的开发、运行对计算机系统具有依赖性。
(5) 软件复杂性高,成本昂贵。
(6) 软件开发涉及诸多社会因素。

2. 软件工程过程与软件生命周期

软件产品从提出、实现、使用维护到停止使用退役的过程称为软件生命周期。一般包括可行性分析研究与需求分析、设计、实现、测试、交付使用以及维护等活动,如图9-1所示。

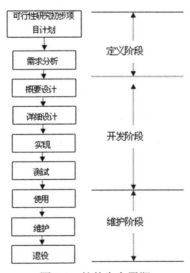

图 9-1 软件生命周期

还可以将软件生命周期分为如上图所示的软件定义、软件开发和软件维护3个阶段。
生命周期的主要活动阶段是:可行性研究与计划的制订、需求分析、软件设计、软件实施、软件测试、软件运行与维护。

9.3.2 结构化设计方法

1. 软件设计的基本概念

1) 软件设计的基础

从技术观点上看,软件设计包括软件的结构设计、数据设计、接口设计、过程设计。

(1) 结构设计定义软件系统各主要部件之间的关系。

(2) 数据设计将分析时创建的模型转化为数据结构的定义。

(3) 接口设计是描述软件内部、软件和协作系统之间以及软件与人之间如何通信。

(4) 过程设计则是把系统结构部件转换为软件的过程性描述。

从工程管理角度来看,软件设计分两步完成:概要设计和详细设计。

(1) 概要设计将软件需求转化为软件体系结构、确定系统级接口、全局数据结构或数据库模式。

(2) 详细设计确立每个模块的实现算法和局部数据结构,用适当方法表示算法和数据结构的细节。

2) 软件设计的基本原理

(1) 抽象:软件设计中考虑模块化解决方案时,可以定出多个抽象级别。抽象的层次从概要设计到详细设计逐步降低。

(2) 模块化:模块是指把一个待开发的软件分解成若干小的简单的部分。模块化是指解决一个复杂问题时自顶向下逐层把软件系统划分成若干模块的过程。

(3) 信息隐蔽:信息隐蔽是指在一个模块内包含的信息(过程或数据),对于不需要这些信息的其他模块来说是不能访问的。

(4) 模块独立性:模块独立性是指每个模块只完成系统要求的独立的子功能,并且与其他模块的联系最少且接口简单。模块的独立程度是评价设计好坏的重要度量标准。衡量软件的模块独立性使用耦合性和内聚性两个定性的度量标准。内聚性是信息隐蔽和局部化概念的自然扩展。一个模块的内聚性越强则该模块的模块独立性越强。一个模块与其他模块的耦合性越强则该模块的模块独立性越弱。

内聚性是度量一个模块功能强度的一个相对指标。内聚是从功能角度来衡量模块的联系,它描述的是模块内的功能联系。内聚有如下种类,它们之间的内聚度由弱到强排列:偶然内聚、逻辑内聚、时间内聚、过程内聚、通信内聚、顺序内聚、功能内聚。

耦合性是模块之间互相连接的紧密程度的度量。耦合性取决于各个模块之间接口的复杂度、调用方式以及哪些信息通过接口。耦合可以分为下列几种,它们之间的耦合度由高到低排列:内容耦合、公共耦合、外部耦合、控制耦合、标记耦合、数据耦合、非直接耦合。

在程序结构中,各模块的内聚性越强,则耦合性越弱。一般较优秀的软件设计,应尽量做到高内聚,低耦合,即减弱模块之间的耦合性和提高模块内的内聚性,有利于提高模块的独立性。

2. 详细设计

详细设计的任务是为软件结构图中的每个模块确定实现算法和局部数据结构,用某种选定的表达表示工具算法和数据结构的细节。

详细设计的常用工具有以下几种。
(1) 图形工具：程序流程图，N-S，PAD，HIPO。
(2) 表格工具：判定表。
(3) 语言工具：PDL(伪码)。

程序流程图包括 5 种控制结构：顺序型、选择型、先判断重复型、后判断重复型和多分支选择型。

方框图中仅含 5 种基本的控制结构，即顺序型、选择型、多分支选择型、WHILE 重复型和 UNTIL 重复型。

PAD 图包括 5 种基本控制结构，即顺序型、选择型、多分支选择型、WHILE 重复型和 UNTIL 重复型。

过程设计语言(PDL)也称为结构化的语言和伪码，它是一种混合语言，采用英语的词汇和结构化程序设计语言，类似编程语言。

PDL 可以由编程语言转换得到，也可以是专门为过程描述而设计的。

9.3.3 软件测试

1. 软件测试的目的

软件测试是在软件投入运行前对软件需求、设计、编码的最后审核。其工作量、成本占总工作量、总成本的 40%以上，而且具有较高的组织管理和技术难度。
(1) 软件测试是为了发现错误而执行程序的过程。
(2) 一个好的测试用例是能够发现至今尚未发现的错误的用例。
(3) 一个成功的测试是发现了至今尚未发现的错误的测试。

2. 软件测试的实施

软件测试过程分为单元测试、集成测试、确认(验收)测试和系统测试 4 个步骤。

单元测试是对软件设计的最小单位——模块(程序单元)进行正确性检验测试。单元测试的技术可以采用静态分析和动态测试。

集成测试是测试和组装软件的过程，主要目的是发现与接口有关的错误，主要依据是概要设计说明书。集成测试所设计的内容包括：软件单元的接口测试、全局数据结构测试、边界条件和非法输入的测试等。集成测试时将模块组装成程序，通常采用两种方式：非增量方式组装和增量方式组装。

确认测试的任务是验证软件的功能和性能，以及其他特性是否满足需求规格说明中确定的各种需求，包括软件配置是否完全、正确。确认测试的实施首先运用黑盒测试方法，对软件进行有效性测试，即验证被测软件是否满足需求规格说明确认的标准。

系统测试是通过测试确认软件，作为整个基于计算机系统的一个元素，与计算机硬件、外设、支撑软件、数据和人员等其他系统元素组合在一起，在实际运行(使用)环境下对计算机系统进行一系列的集成测试和确认测试。

系统测试的具体实施一般包括：功能测试、性能测试、操作测试、配置测试、外部接口测试、安全性测试等。

9.3.4 软件的调试

在对程序进行成功的测试之后将进入程序调试(通常称 Debug，即排错)。程序的调试任务是诊断和改正程序中的错误。调试主要在开发阶段进行。

程序调试活动由两部分组成，一是根据错误的迹象确定程序中错误的确切性质、原因和位置；二是对程序进行修改，排除这个错误。程序调试的基本步骤如下。

(1) 错误定位。从错误的外部表现形式入手，研究有关部分的程序，确定程序中的出错位置，找出错误的内在原因。

(2) 修改设计和代码，以排除错误。

(3) 进行回归测试，防止引进新的错误。

调试原则可以从以下两个方面进行考虑。

1. 确定错误的性质和位置时的注意事项

分析思考与错误征兆有关的信息；避开死胡同；只把调试工具当作辅助手段来使用；避免用试探法，最多只能把它当作最后手段。

2. 修改错误原则

在出现错误的地方，很可能有别的错误；修改错误的一个常见失误是只修改了这个错误的征兆或这个错误的表现，而没有修改错误本身；注意修正一个错误的同时有可能会引入新的错误；修改错误的过程将迫使人们暂时回到程序设计阶段；修改源代码程序，不要改变目标代码。

9.4 数据库设计基础

9.4.1 数据库系统的基本概念

1. 数据、数据库、数据库管理系统

数据是数据库中存储的基本对象，是描述事物的符号记录。

数据库是长期储存在计算机内、有组织的、可共享的大量数据的集合，它具有统一的结构形式并存放于统一的存储介质内，是多种应用数据的集成，并可被各个应用程序所共享。

数据库管理系统(DBMS)是数据库的机构，它是一种系统软件，负责数据库中的数据组织、数据操作，数据维护、控制及保护和数据服务等。数据库管理系统是数据系统的核心，主要有如下功能：数据模式定义、数据存取的物理构建、数据操纵、数据的完整性、安全性定义和检查、数据库的并发控制与故障恢复、数据的服务。

为完成数据库管理系统的功能，数据库管理系统提供相应的数据语言：数据定义语言、数据操纵语言、数据控制语言。

数据库管理员的主要工作如下：数据库设计、数据库维护、改善系统性能、提高系统效率。

2. 数据库系统的发展

数据管理技术的发展经历了 3 个阶段，如图 9-2 所示。

		人工管理阶段	文件系统阶段	数据库系统阶段
背景	应用背景	科学计算	科学计算、管理	大规模管理
	硬件背景	无直接存取存储设备	磁盘、磁鼓	大容量磁盘
	软件背景	没有操作系统	有文件系统	有数据库管理系统
	处理方式	批处理	联机实时处理、批处理	联机实时处理、分布处理、批处理
特点	数据的管理者	用户（程序员）	文件系统	数据库管理系统
	数据面向的对象	某一应用程序	某一应用程序	现实世界
	数据的共享程度	无共享，冗余度大	共享性差，冗余度大	共享性高，冗余度小
	数据的独立性	不独立，完全依赖于程序	独立性差	具有高度的物理独立性和一定的逻辑独立性
	数据结构化	无结构	记录内有结构、整体无结构	整体结构化，用数据模型描述
	数据控制能力	应用程序自己控制	应用程序自己控制	由数据库管理系统提供数据安全性、完整性、并发控制和恢复能力

图 9-2　各阶段特点的详细说明

3. 数据库系统的基本特点

数据独立性是数据与程序间的互不依赖性，即数据库中的数据独立于应用程序而不依赖于应用程序。

数据的独立性一般分为物理独立性与逻辑独立性两种。

(1) 物理独立性：指用户的应用程序与存储在磁盘上的数据库中的数据是相互独立的。当数据的物理结构(包括存储结构、存取方式等)改变时，如存储设备的更换、物理存储的更换、存取方式的改变等，应用程序都不用改变。

(2) 逻辑独立性：指用户的应用程序与数据库的逻辑结构是相互独立的。数据的逻辑结构改变了，如修改数据模式、增加新的数据类型、改变数据间联系等，用户程序都可以不变。

数据统一管理与控制主要包括以下 3 个方面：数据的完整性检查、数据的安全性保护和并发控制。

4. 数据库系统的内部结构体系

1) 数据库系统的 3 级模式

(1) 概念模式，也称逻辑模式，是对数据库系统中全局数据逻辑结构的描述，是全体用户(应用)公共数据视图。一个数据库只有一个概念模式。

(2) 外模式，也称子模式，它是数据库用户能够看见和使用的局部数据的逻辑结构和特征的描述，它是由概念模式推导出来的，是数据库用户的数据视图，是与某一应用有关的数据的逻辑表示。一个概念模式可以有若干个外模式。

(3) 内模式，又称物理模式，它给出了数据库物理存储结构与物理存取方法。

内模式处于最底层，它反映了数据在计算机物理结构中的实际存储形式，概念模式处于中间层，它反映了设计者的数据全局逻辑要求，而外模式处于最外层，它反映了用户对数据的要求。

2) 数据库系统的两级映射

两级映射保证了数据库系统中数据的独立性。

(1) 概念模式到内模式的映射。该映射给出了概念模式中数据的全局逻辑结构到数据的物理存储结构间的对应关系；

(2) 外模式到概念模式的映射。概念模式是一个全局模式而外模式是用户的局部模式。一个概念模式中可以定义多个外模式，而每个外模式是概念模式的一个基本视图。

9.4.2 数据模型

1. 数据模型的基本概念

数据模型用来抽象、表示和处理现实世界中的数据和信息。分为两个阶段：把现实世界中的客观对象抽象为概念模型；把概念模型转换为某一 DBMS 支持的数据模型。

数据模型所描述的内容有 3 部分，它们是数据结构、数据操作与数据约束。

2. E-R 模型

1) E-R 模型的基本概念

(1) 实体：现实世界中的事物可以抽象成为实体，实体是概念世界中的基本单位，它们是客观存在的且又能相互区别的事物。

(2) 属性：现实世界中的事物均有一些特性，这些特性可以用属性来表示。

(3) 码：唯一标识实体的属性集称为码。

(4) 域：属性的取值范围称为该属性的域。

(5) 联系：在现实世界中事物间的关联称为联系。

两个实体集间的联系实际上是实体集间的函数关系，这种函数关系可以有下面几种：一对一联系、一对多或多对一联系、多对多联系。

2) E-R 模型的图示法

E-R 模型用 E-R 图来表示。

(1) 实体表示法：在 E-R 图中用矩形表示实体集，在矩形内写上该实体集的名字。

(2) 属性表示法：在 E-R 图中用椭圆形表示属性，在椭圆形内写上该属性的名称。

(3) 联系表示法：在 E-R 图中用菱形表示联系，菱形内写上联系名。

3. 层次模型

满足下面两个条件的基本层次联系的集合为层次模型。

(1) 有且只有一个节点没有双亲节点，这个节点称为根节点。

(2) 除根节点以外的其他节点有且仅有一个双亲节点。

4. 关系模型

关系模型采用二维表来表示，二维表一般满足以下 7 个性质。

(1) 二维表中元组个数是有限的——元组个数有限性。

(2) 二维表中元组均不相同——元组的唯一性。

(3) 二维表中元组的次序可以任意交换——元组的次序无关性。

(4) 二维表中元组的分量是不可分割的基本数据项——元组分量的原子性。
(5) 二维表中属性名各不相同——属性名唯一性。
(6) 二维表中属性与次序无关，可任意交换——属性的次序无关性。
(7) 二维表属性的分量具有与该属性相同的值域——分量值域的统一性。

在二维表中唯一标识元组的最小属性值称为该表的键或码。二维表中可能有若干个键，它们称为表的候选码或候选键。从二维表的所有候选键选取一个作为用户使用的键称为主键或主码。表 A 中的某属性集是某表 B 的键，则称该属性值为 A 的外键或外码。

关系操纵：数据查询、数据删除、数据插入、数据修改。

关系模型允许定义三类数据约束，它们是实体完整性约束、参照完整性约束以及用户定义的完整性约束。

9.4.3 关系代数

1. 关系模型的基本操作

关系模型的基本操作：插入、删除、修改和查询。

其中查询包含如下运算：

(1) 投影运算。从 R 中选择出若干属性列组成新的关系。

(2) 选择运算。选择运算是一个一元运算，关系 R 通过选择运算(并由该运算给出所选择的逻辑条件)后仍为一个关系。设关系的逻辑条件为 F，则 R 满足 F 的选择运算可写成：σF(R)。

(3) 笛卡儿积运算。设有 n 元关系 R 及 m 元关系 S，它们分别有 p、q 个元组，则关系 R 与 S 经笛卡儿积记为 R×S，该关系是一个 n+m 元关系，元组个数是 p×q，由 R 与 S 的有序组组合而成。

2. 关系代数中的扩充运算

(1) 交运算：关系 R 与 S 经交运算后所得到的关系是由那些既在 R 内又在 S 内的有序组所组成，记为 R∩S。

(2) 除运算。如果将笛卡儿积运算看作乘运算的话，除运算就是它的逆运算。当关系 T=R×S 时，则可将除运算写成：T÷R=S 或 T/R=S。

S 称为 T 除以 R 的商。除法运算不是基本运算，它可以由基本运算推导而出。

(3) 连接与自然连接运算。连接运算又可称为 θ 运算，这是一种二元运算，通过它可以将两个关系合并成一个大关系。设有关系 R、S 以及比较式 iθj，其中 i 为 R 中的域，j 为 S 中的域，θ 含义同前。则可以将 R、S 在域 I、j 上的 θ 连接记为：

$$R |\times| S$$
$$iθj$$

在 θ 连接中如果 θ 为 "="，就称此连接为等值连接，否则称为不等值连接；如 θ 为 "<" 时称为小于连接；如 θ 为 ">" 时称为大于连接。

自然连接是一种特殊的等值连接，它满足下面的条件：

① 两关系间有公共域。
② 通过公共域的等值进行连接。

设有关系 R、S，R 有域 A1，A2，…，An，S 有域 B1，B2，…，Bm，并且，Ai1，Ai2，…，

Aij，与 B1，B2，…，Bj 分别为相同域，此时它们自然连接可记为：

$$R|\times|S$$

自然连接的含义可用下式表示：

R|×|S= π A1, A2, …, An, Bj+1, …Bm(σ Ai1=B1^Ai2=B2^…^Aij=,Bj (R×S))

9.4.4 数据库设计与管理

数据库设计有两种方法：面向数据的方法和面向过程的方法。

面向数据的方法是以信息需求为主，兼顾处理需求；面向过程的方法是以处理需求为主，兼顾信息需求。由于数据在系统中稳定性高，数据已成为系统的核心，因此面向数据的设计方法已成为主流。

数据库设计目前一般采用生命周期法，即将整个数据库应用系统的开发分解成目标独立的若干阶段。它们是需求分析阶段、概念设计阶段、逻辑设计阶段、物理设计阶段、编码阶段、测试阶段、运行阶段和进一步修改阶段。在数据库设计中采用前 4 个阶段。

9.5 小结

通过本章的学习，我们了解了 Access 数据库的公共基础知识，掌握了各类基础知识的特点。

首先，本章介绍了数据结构与算法的相关知识，介绍了算法与数据结构的相关概念，并重要讲解了链表、堆栈、树相关数据结构，提出了查找技术和排序技术。

为了便于开发者的开发，本章接着介绍了结构化程序设计的基本原则，以及面向对象的基本特征。

为了使开发程序进行得更加顺利，本章还引入了软件工程的相关概念，提出了结构化设计的方法，如何进行软件测试和调试。

最后，本章介绍了数据库的设计基础和数据库系统的基本概念。

9.6 练习题

数据结构与算法

一、选择题

1. 算法的时间复杂度取决于(　　)。
   A. 问题的规模　　　　　　　　B. 待处理的数据的初态
   C. 问题的难度　　　　　　　　D. A 和 B
2. 在数据结构中，从逻辑上可以把数据结构分成(　　)。
   A. 内部结构和外部结构　　　　B. 线性结构和非线性结构
   C. 紧凑结构和非紧凑结构　　　D. 动态结构和静态结构

3. 以下哪项不是栈的基本运算。( )
   A. 判断栈是否为空　　　　　　　　B. 将栈置为空栈
   C. 删除栈顶元素　　　　　　　　　D. 删除栈底元素
4. 链表不具备的特点是( )。
   A. 可随机访问任意一个节点　　　　B. 插入和删除不需要移动任何元素
   C. 不必事先估计存储空间　　　　　D. 所需空间与其长度成正比
5. 已知某二叉树的后序遍历序列是 DACBE，中序遍历序列是 DEBAC，则它的前序遍历序列是( )。
   A. ACBED　　　　　　　　　　　　B. DEABC
   C. DECAB　　　　　　　　　　　　D. EDBAC
6. 设有一个已按各元素的值排好序的线性表(长度大于2)，对给定的值k，分别用顺序查找法和二分查找法查找一个与k相等的元素，比较的次数分别是s和b，在查找不成功的情况下，s和b的关系是( )。
   A. s=b　　　　　B. s>b　　　　　C. s<b　　　　　D. s≥b
7. 在快速排序过程中，每次划分，将被划分的表(或子表)分成左、右两个子表，考虑这两个子表，下列结论一定正确的是( )。
   A. 左、右两个子表都已各自排好序
   B. 左边子表中的元素都不大于右边子表中的元素
   C. 左边子表的长度小于右边子表的长度
   D. 左、右两个子表中元素的平均值相等

二、填空题

1. 问题处理方案的正确而完整的描述称为_____。
2. 一个空的数据结构是按线性结构处理的，则属于_____。
3. 设树T的度为4，其中度为1、2、3和4的节点的个数分别为4、2、1、1，则T中叶子节点的个数为_____。
4. 二分法查找的存储结构仅限于_____且是有序的。

程序设计基础

一、选择题

1. 结构化程序设计方法提出于( )。
   A. 20世纪50年代　　　　　　　　 B. 20世纪60年代
   C. 20世纪70年代　　　　　　　　 D. 20世纪80年代
2. 结构化程序设计方法的主要原则有下列4项，不正确的是( )。
   A. 自下向上　　　　　　　　　　　B. 逐步求精
   C. 模块化　　　　　　　　　　　　D. 限制使用goto语句
3. 面向对象的开发方法中，类与对象的关系是( )。
   A. 抽象与具体　　　　　　　　　　B. 具体与抽象
   C. 部分与整体　　　　　　　　　　D. 整体与部分

二、填空题

1. 在面向对象方法中,使用已经存在的类定义作为基础建立新的类定义,这样的技术叫作_____。

2. 对象的基本特点包括_____、分类性、多态性、封装性和模块独立性好 5 个特点。

3. 对象根据所接收的消息而做出动作,同样的消息被不同的对象所接收时可能导致完全不同的行为,这种现象称为_____。

软件工程基础

一、选择题

1. 对软件的特点,下面描述正确的是( )。
   A. 软件是一种物理实体
   B. 软件在运行使用期间不存在老化问题
   C. 软件开发、运行对计算机没有依赖性,不受计算机系统的限制
   D. 软件的生产有一个明显的制作过程

2. 以下哪项是软件生命周期的主要活动阶段?( )
   A. 需求分析　　　B. 软件开发　　　C. 软件确认　　　D. 软件演进

3. 从技术观点看,软件设计包括( )。
   A. 结构设计、数据设计、接口设计、程序设计
   B. 结构设计、数据设计、接口设计、过程设计
   C. 结构设计、数据设计、文档设计、过程设计
   D. 结构设计、数据设计、文档设计、程序设计

4. 以下哪个是软件测试的目的?( )
   A. 证明程序没有错误　　　　　B. 演示程序的正确性
   C. 发现程序中的错误　　　　　D. 改正程序中的错误

5. 以下哪个测试要对接口测试?( )。
   A. 单元测试　　　B. 集成测试　　　C. 验收测试　　　D. 系统测试

6. 程序调试的主要任务是( )。
   A. 检查错误　　　B. 改正错误　　　C. 发现错误　　　D. 以上都不是

7. 以下哪个不是程序调试的基本步骤?( )
   A. 分析错误原因　　　　　　　B. 错误定位
   C. 修改设计代码以排除错误　　D. 回归测试,防止引入新错误

8. 在修改错误时应遵循的原则有( )。
   A. 注意修改错误本身而不仅仅是错误的征兆和表现
   B. 修改错误的是源代码而不是目标代码
   C. 遵循在程序设计过程中的各种方法和原则
   D. 以上 3 个都是

二、填空题

1. 软件设计是软件工程的重要阶段，是一个把软件需求转换为_____的过程。
2. _____是指把一个待开发的软件分解成若干小的简单的部分。
3. 数据流图采用4种符号表示_____、数据源点和终点、数据流向和数据加工。

数据库设计基础

一、选择题

1. 对于数据库系统，负责定义数据库内容，决定存储结构和存取策略及安全授权等工作的是(　　)。
   A. 应用程序员　　　　　　　　　B. 用户
   C. 数据库管理员　　　　　　　　D. 数据库管理系统的软件设计员

2. 在数据库管理技术的发展过程中，经历了人工管理阶段、文件系统阶段和数据库系统阶段。在这几个阶段中，数据独立性最高的是(　　)。
   A. 数据库系统　　B. 文件系统　　C. 人工管理　　D. 数据项管理

3. 在数据库系统中，当总体逻辑结构改变时，通过改变(　　)，使局部逻辑结构不变，从而使建立在局部逻辑结构之上的应用程序也保持不变，称之为数据和程序的逻辑独立性。
   A. 应用程序　　　　　　　　　　B. 逻辑结构和物理结构之间的映射
   C. 存储结构　　　　　　　　　　D. 局部逻辑结构到总体逻辑结构的映射

4. 数据库系统依靠(　　)支持数据的独立性。
   A. 具有封装机制　　　　　　　　B. 定义完整性约束条件
   C. 模式分级，各级模式之间的映射　D. DDL语言和DML语言互相独立

5. 将E-R图转换到关系模式时，实体与联系都可以表示成(　　)。
   A. 属性　　　　B. 关系　　　　C. 键　　　　D. 域

6. 用树结构来表示实体之间联系的模型称为(　　)。
   A. 关系模型　　B. 层次模型　　C. 网状模型　　D. 数据模型

7. 对数据库中的数据可以进行查询、插入、删除、修改(更新)，这是因为数据库管理系统提供了(　　)。
   A. 数据定义功能　　　　　　　　B. 数据操纵功能
   C. 数据维护功能　　　　　　　　D. 数据控制功能

8. 设关系R和关系S的属性元数分别是3和4，关系T是R与S的笛卡儿积，即T=R×S，则关系T的属性元数是(　　)。
   A. 7　　　　　　　　　　　　　B. 9
   C. 12　　　　　　　　　　　　　D. 16

9. 下述(　　)不属于数据库设计的内容。
   A. 数据库管理系统　　　　　　　B. 数据库概念结构
   C. 数据库逻辑结构　　　　　　　D. 数据库物理结构

二、填空题

1. 一个数据库的数据模型至少应该包括以下 3 个组成部分，＿＿＿＿＿＿、数据操作和数据的完整性约束条件。
2. 在关系数据模型中，二维表的列称为属性，二维表的行称为＿＿＿＿＿＿。

9.7 实训项目

【实训目的及要求】

1. 掌握几种有关数据结构的创建方法。
2. 了解程序设计基础的特性。
3. 掌握软件工程的整个流程。
4. 学习利用数据库建立菜单。

【实训内容】

实训一

设计一个计算机管理系统完成图书管理基本业务。

1. 每种书的登记内容包括书号、书名、著作者、现存量和库存量。
2. 对书号建立索引表(线性表)以提高查找效率。
3. 系统主要功能如下。

(1) 采编入库：新购一种书，确定书号后，登记到图书账目表中，如果表中已有，则只将库存量增加。

(2) 借阅：如果一种书的现存量大于 0，则借出一本，登记借阅者的书证号和归还期限，改变现存量。

(3) 归还：注销对借阅者的登记，改变该书的现存量。

实训二

要求学生掌握软件工程的基本概念、基本方法和基本原理，为将来从事软件的研发和管理奠定基础。每个学生选择一个小型软件项目，自行拟定题目，按照软件工程的生命周期，完成软件计划、需求分析、软件设计、编码实现、软件测试及软件维护等软件工程工作，并按要求编写出相应的文档。分别选用传统的结构化方法和面向对象的方法，开发环境和工具不限。

实训三

设计一个基于 SQL 数据库的个人信息管理系统，功能基本要求如下：

通讯录信息，包括通信人姓名、联系方式、工作地点、城市、备注等；备忘录信息，包括什么时间、事件、地点等；日记信息，包括时间、地点、事情、人物等；个人财物管理，包括总收入、消费项目、消费金额、消费时间、剩余资金等。

参考文献

[1] 段雪丽. Access 2010 数据库原理及应用[M]. 北京：化学工业出版社，2016.
[2] 高裴裴，张健. 数据库系统设计(Access 2016 版) [M]. 北京：清华大学出版社，2019.
[3] 辛明远. Access 2016 数据库应用案例教程[M]. 北京：清华大学出版社，2019.
[4] 杨月江，吴晓丹，于咏霞. Access 数据库技术与应用[M]. 北京：清华大学出版社，2019.
[5] 杨晓红，张抗抗，刘理争. Access 数据库技术与应用[M]. 北京：清华大学出版社，2020.
[6] 王秉宏. Access 2016 数据库应用基础教程[M]. 北京：清华大学出版社，2017.
[7] 童启，陈芳勤. Access 数据库技术及应用[M]. 北京：电子工业出版社，2019.
[8] 尚品科技. Access 数据库开发从入门到精通[M]. 北京：电子工业出版社，2019.